BRIGITTE WALDE-FRANKENBERGER

PAUL WALDE

W0011275

WILDKRÄUTER UND
WILDFRÜCHTE

Bodensee · Oberschwaben

ERKENNEN · SAMMELN · ANWENDEN

 SILBERBURG

Inhalt

Alle Wiesen und Matten,
alle Berge und Hügel sind Apotheken.
Paracelsus

Vorwort

Die Hinwendung zur Natur, die wir gegenwärtig sehen, spiegelt ein neues Denken wieder: die Identifikation mit ganzheitlichen und nachhaltigen Werten und die Übernahme von Verantwortung für kommende Generationen. Viele erleben bewusst den Rhythmus der Natur, die alljährlich wiederkehrende Zeit des Wachsens, des Blühens und der Reife. Mit der aufsteigenden Sonne erwacht im März die Natur. Im November schließt sich der Jahreskreis, Pflanzen sterben ab, ziehen sich zurück.

Viele Jahre vor unserer Zeitrechnung lebten in unserer Region Kelten gemäß ihrer Naturreligion. Ihre sakralen Feste feierten sie in der Natur und verbanden sich in Ritualen mit den Naturgeistern. Sie sahen in der Natur das Walten der Götter auf Erden. Keltische Druiden verbrachten 20 Jahre in der Einsamkeit der Wälder. Manches in unserem heutigen Brauchtum, unseren Traditionen und unserer Heilkunde verdanken wir vermutlich auch ihrer Weisheit.

Heute gilt der Bodensee mit seinem milden, mediterranen Klima und seinem sauberen Wasser vielen Menschen als ein Sehnsuchtsort. Kein Wunder: Um den Bodensee wachsen mehr als 600 Pflanzenarten. Schon im April färbt das blaue Band des Bodensee-Vergissmeinnicht die Kiesufer. Und wenn der Frühlingsenzian seine leuchtend blauen Blüten öffnet, beginnt auf den Riedwiesen, die unter Naturschutz stehen, ein buntes Schauspiel. Im Frühsommer dominiert durch die vielen Mehlprimeln die Farbe Rosa. Am Bodensee findet man 30 Orchideenarten und neben einer Vielzahl seltener Pflanzen auch die sibirische Schwertlilie, denn viele Arten kehren in die geschützten Gebiete zurück.

Die Sorge um den Fortbestand von Flora und Fauna wächst, und das Einrichten von Schutzgebieten ist uns heute ein großes Anliegen. Ein wichtiger Aspekt hierbei ist es, das Heilpotenzial der Wildpflanzen zu erhalten und auszuschöpfen. Denn nach wie vor ist es das harmonische Zusammenspiel sämtlicher den Pflanzen innewohnenden Kräfte, die sie zu ganzheitlichen Heilpflanzen macht. Viel Freude beim Sammeln und Anwenden!

Gundelrebe
oder Gundermann

Erdenkränzlein, Guck-durch-den-Zaun, Donnerrebe, Erdefeu, Zickelkräutchen

Die Frühjahrsblüher sind da. Beim Spaziergang durch Wald und Wiese zeigen sich Schlüsselblume, Veilchen und Buschwindröschen, Wiesenschaumkraut und Scharbockskraut, Taubnessel und Ehrenpreis. Die zartblauen Blüten der Gundelrebe leuchten aus dem Wiesengrund hervor. Guck-durch-den-Zaun oder Erdenkränzlein wird die Gundelrebe im Volksmund liebevoll genannt. Die Pflanze ist ein Lippenblütler. Sie kann bis 20 Zentimeter groß werden. Meist einen Teppich bildend, wächst sie efeugleich auf nährstoffreicher, feuchter und lockerer Erde. Wir finden sie an Zäunen und Mauern, an Hecken und Wegen, auf Wiesen und in Auwäldern. Klein und kraftvoll von Gestalt blüht die Gundelrebe in den Monaten April bis Juni.

Im 16. und 17. Jahrhundert war ein Infus der Gundelrebe ein beliebtes Getränk armer Leute, das auf den Straßen feilgeboten wurde. Gesüßt mit Zucker, Honig oder Lakritze galt der Tee als hilfreich und stärkend bei nicht ausgeheiltem Husten und bei Schwindsucht. Und noch im vergangenen Jahrhun-

WIRKSTOFFE: Gerbstoffe, ätherisches Öl, der Bitterstoff Glechomin, organische Säuren, viel Vitamin C, Saponine, Mineralstoffe.
VERWENDUNG: Erkrankungen der Atemwege, Appetitlosigkeit, Magenverstimmung. Für Galle, Leber und Niere.
EIGENSCHAFTEN: Schleimlösend, blutreinigend, entschlackend, verdauungsfördernd, appetitanregend, harntreibend, entzündungshemmend.

Glechoma hederacea

dert nutzten Büchsenmacher und Maler die entgiftende Kraft der Gundelrebe: Um das giftige Blei aus dem Körper auszuschwemmen, tranken sie regelmäßig Gundelrebentee.

GERMANISCHE HEIL- UND ZAUBERPFLANZE

In der altgermanischen Mythologie war die Gundelrebe Donar geweiht, dem Gewitter- und Donnergott, dem Gott der Fruchtbarkeit und Potenz. Sie galt als ein antidämonisches Kraut. Und mit einem Kranz aus Gundelreben schützte man sich gegen Gewitter, Blitz und Zauberei.

SAMMELZEIT

In der Heilkunde verwendet man das ganze blühende Kraut. Man erntet es in den Monaten *April bis Juni*. Dabei schneidet man die Pflanze ab und hängt sie in kleinen Sträußen »kopfunter« zum Trocknen auf. Die würzigen, ölhaltigen Blättlein können das ganze Jahr über gesammelt und frisch verwendet werden.

HEILKRÄFTE

Die Gundelrebe ist ein Vielheiler. Mit den Licht- und Wärme-kräften der Frühlingssonne löst sie erstarrte Prozesse wie chronisch gewordene Atemwegserkrankungen des Winters, Husten, Rachenkatarrh, Bronchitis, leichtes Bronchialasthma und Schnupfen, aber auch Magen- und Darmkatarrhe. »Gund« ist das altgermanische Wort für Geschwür, Gift. In der Volks-heilkunde wird die Pflanze auch heute noch bei schlecht heilenden Wunden und Geschwüren äußerlich gebraucht. Als Mittel gegen Melancholie und Lethargie wurde das getrockne-te Kraut früher dem Schnupftabak beigefügt.

Hildegard von Bingen (ca. 1098–1179) weist auf die Heilwirkung bei Brust-, Lungen- und Hautleiden hin. Ebenso bei Magen-verstimmung und Gelbsucht, bei Galle-, Leber- und Nieren-beschwerden. Der Arzt Tabernaemontanus (ca. 1522–1590) empfiehlt die Gundelrebe als Mittel zur Schärfung des Gehörs: »Gundelrebensaft in die Ohren getan bringt das verlorene Ge-hör zurück und ist auch gut wider das Zahnweh.«

IN DER HOMÖOPATHIE

Eine aus frischen Pflanzen zubereitete Tinktur wird zur Behand-lung von Bronchialkatarrhen, Asthma und gewissen Darm-erkrankungen verwendet.

IN KÜCHE UND HAUS

HEILSAMES WUNDÖL: In den Monaten Juni/Juli die frischen Blätter sammeln. Ein Schraubglas zu einem Drittel mit den Blättern füllen, diese dabei fest zusammenpressen und an die Sonne stellen. Nach einigen Tagen bildet sich eine helle Flüs-sigkeit, die sich am Boden sammelt. Diese seihen wir vorsichtig ab und bewahren sie an einem dunklen Ort auf.

BEI ISCHIAS UND GICHT: Für ein Bad nehmen wir 5 Handvoll Gundelrebenkraut, frisch oder getrocknet, und kochen es in 5 Liter Wasser ca. 10 Minuten bei geschlossenem Topf. Danach seihen wir ab und fügen die Flüssigkeit dem Bade-wasser zu.

Löwenzahn

Kuhblume, Wiesenlattich, Dotterblume, Pusteblume, Sonnenwirbel, Kettenblume, Pfaffenkraut, Mönchskopf, Bettpisserle

Uns allen ist er vertraut, der bescheidene Löwenzahn. Im Frühjahr, wenn die Natur erwacht, blüht er mit seinen dottergelben Blüten tausendfach auf unseren Wiesen. Man nennt ihn Löwenzahn, weil die Zähnung der Blätter an das Gebiss eines Raubtiers erinnert. Und auch, weil die Pflanze über große therapeutische Kräfte – über Löwenkräfte – verfügt. Mehr als 500 Volksnamen bezeugen liebevoll die Volkstümlichkeit der Pflanze. Die zahlreichen Samen, als Fallschirme vom Winde verweht, keimen dank ihrer Lebenskraft fast überall. In Mauerritzen, Steinfugen, auf feuchten Äckern und Wiesen, an trockenen Wegrändern.

Der Löwenzahn gehört zur Familie der Korbblütler. Er kann bis zu 50 Zentimeter hoch werden und blüht vom Frühjahr bis zum Herbst. Dabei kennt die Pflanze keine Winterruhe, sondern treibt auch in der kalten Jahreszeit Blätter. Sie wächst in ganz Europa.

Wie alle Pflanzen der »Grünen Neune« (die neun heiligen Frühjahrskräuter der Germanen) strotzt der Löwenzahn vor Vitali-

WIRKSTOFFE: Vitamine, Bitterstoffe, Triterpene, Sterole, Flavonoide, Gerbstoffe, Mineralstoffe, ätherisches Öl, Schleimstoffe, Fructose, Glykoside.
MEDIZINISCHE VERWENDUNG: Für Leber, Blut, Niere und Blase.
EIGENSCHAFTEN: Leberwirksam, galletreibend, harntreibend, stoffwechselfördernd, verdauungsfördernd, appetitanregend, regenerierend, reinigend.

Taraxacum officinale

tät. Auch die Griechen schätzten ihn. Sein wissenschaftlicher Name »Taraxacum« kommt vom griechischen *taraxo* = Störung und *akos* = Heilmittel und weist auf die umfassenden Heilkräfte der Pflanze hin. In der Heilkunde werden Blätter, Blüten und Wurzeln verwendet.

EINE KULTPFLANZE

Als Frühjahrsblüher gehörte der Löwenzahn zu den Kultpflanzen der Germanen. Diese waren neben ihm: Gundelrebe, Brennnessel, Brunnenkresse, Sauerampfer, Bibernelle, Schafgarbe, Spitzwegerich, Scharbockskraut und Gänseblümchen.

SAMMELZEIT

In den Monaten *April und Mai* pflücken wir die noch zarten Blätter. Die Blüten ernten wir, wenn sie noch nicht voll entfaltet sind. Blätter und Blüten werden auf Holzrosten oder auf mit saugfähigem Papier ausgelegten Tabletts getrocknet. Im *Herbst* stechen wir die Wurzeln aus und hängen sie gereinigt und gebündelt zum Trocknen auf.

HEILKRÄFTE

Das bedeutende Heilkraut wird von den großen Ärzten des Mittelalters gelobt. Der Arzt Tabernaemontanus (ca. 1522–1590) zum

Beispiel nannte Saft und Wurzel »eine gebenedeyte Arzney«. Sie galt als Mittel gegen Wassersucht, Milz- und Leberleiden, Gicht, Lungenbluten und vor allem auch als Mittel bei Augenleiden.

Heute werden Blätter, Blüten und Wurzeln der Pflanze wissen-schaftlich-medizinisch und in der Volksheilkunde gleichermaßen verwendet. So nimmt man den Löwenzahn bei Leberleiden und bei Stoffwechselstörungen. Er ist ein wertvolles Mittel bei Rheuma und Gicht, bei Zuckerkrankheit und Fettsucht. Als ein Amarum, ein Bittermittel, regt der Löwenzahn Galle und Leber, den Magen und die Bauchspeicheldrüse an. Nicht umsonst sagt der Volksmund: »Bitter im Mund, für den Magen gesund.«

Ganz besonders beliebt ist der Löwenzahn als blutreinigende und regenerierende Frühjahrskur. Und als ein Diuretikum, ein harntreibendes Mittel, regt er die Nieren an und fördert die Aus-scheidung, weshalb er im Volksmund auch »Bettpisserle« heißt.

In der Homöopathie

Das Mittel »Taraxum« wird bei Appetitlosigkeit, Magenbe-schwerden, bei Leber- und Nierenleiden mit häufigem Harn-drang gegeben. Auch bei Antriebsschwäche, Gallenbeschwer-den und bei gallebedingten Kopfschmerzen.

In Küche und Haus

Die vitalstoffreichen Löwenzahnblätter sind im Frühjahr als Salat oder Gemüse gesund. Löwenzahnknospen, als »falsche Kapern« eingelegt, sind im Winter eine Bereicherung unseres Speisezettels.

TEE ZUR ENTSCHLACKUNG: Ein wichtiges Anwendungsgebiet ist die Entschlackung in der Frühjahrskur. Eine solche Kur dau-ert 4 bis 6 Wochen. Dazu muss man zweimal täglich eine Tasse Tee trinken.

ZUBEREITUNG: 1–2 TL geschnittene, getrocknete Blätter und Wurzeln werden mit ¼ Liter kaltem Wasser übergossen, erhitzt und 1 Minute lang gekocht. Dann wird nach 10 Minuten abgeseiht.

Brennnessel

Donnerkraut, Haarnesselkraut, Hanfnessel, Saunessel

Was brennt ums ganze Haus und 's Haus brennt doch net?«, so heißt ein alter Rätselspruch. Es ist selbstverständlich die Brennnessel, die mit Vorliebe an Häusern und Zäunen, an Hecken und Mauern, Gräben und Wegrändern, an Bächen und Flüssen wächst. Die Brennnessel gehört zur Familie der Brennnesselgewächse. Sie hat eine besondere Beziehung zum Menschen. Vor allem die kleinere Pflanze, »Urtica urens«, wächst häufig in der Nähe von Bauernhöfen und Dörfern. Die vitalstoffreiche Pflanze kann bis zu eineinhalb Meter hoch werden. Sie ist in ganz Europa und über die gesamte Erde verbreitet. Häufig gilt sie als lästiges Unkraut, doch sehr zu Unrecht, denn die Brennnessel ist eine wahre Wohltäterin für Erde, Pflanze, Mensch und Tier. Ihre Samen sind Kraftfutter für Hühner und Gänse, für Kühe und Schafe. Dort, wo sie wächst, wirkt sie sich heilend auf den Boden aus. Daher sollte man im Garten und in der Landwirtschaft auf die Brennnessel nicht verzichten. In der Volksheilkunde werden Kraut und Samen verwendet.

DEM DONNERGOTT GEWEIHT

Einst war die Brennnessel dem altgermanischen Gott Donar geweiht. Donar war der Gott des Donners, der Winde und

WIRKSTOFFE: Flavonoide, Chlorophyll, Carotinoide, Vitamine, Mineralstoffe, Gerbstoffe (Blätter). Proteine, Schleimstoffe, fettes Öl (Samen).
MEDIZINISCHE VERWENDUNG: Rheuma, Gicht und Ischias, Harn- und Prostataleiden, Hautleiden.
EIGENSCHAFTEN: Harntreibend, stoffwechselfördernd, entschlackend, verdauungsfördernd, blutbildend, milchbildend, blutzuckersenkend, kräftigend.

Urtica dioica, Urtica urens

Wolken. Bei Gewitter warf man Kränze aus Brennnesseln übers Hausdach oder ins Herdfeuer, um sich vor Blitzstrahl zu bewahren. Und in manchen ländlichen Gegenden hat sich der Brauch bis heute erhalten.

SAMMELZEIT

Mit Schere und Gartenhandschuhen ausgerüstet erntet man die Brennnessel. Sie kann in den Monaten *März bis September* gepflückt werden. Wir binden sie zu Sträußen, die wir im Schatten zum Trocknen aufhängen. Im September sind die Samen reif. Wir breiten sie zum Trocknen auf einem Leinentuch aus.

HEILKRÄFTE

Der bekannte Kräuterpfarrer Künzle (1857–1945) sagt über die Brennnessel: »Hätte die Brennnessel keine Stacheln, wäre sie längst ausgerottet, so vielseitig sind ihre Tugenden!« Durch ihren hohen Gehalt an Kieselsäure dient sie dem Aufbau

> **!** Ein Büschel Brennnesselkraut, im Haus aufgehängt,
> wirkt als zuverlässiges Mittel gegen Fliegen.

des Körpers und hilft bei der Bildung von Bindegewebe. Sie fördert das Wachstum und verleiht Haut und Haar Festigkeit und Schönheit. Die Pflanze ist reich an dem regenerierenden und lebensspendenden Chlorophyll. Auch enthält sie leicht antidiabetisch wirkende Glukokinine. Die Brennnessel wirkt harntreibend, nierenspülend und entschlackend. Sie dient zur Anregung des gesamten Stoffwechsels und ist hilfreich bei Rheuma, Gicht und Ischias.

Die Brennnessel ist in ihrem Reichtum an wertvollen Inhaltsstoffen unübertroffen: So enthält sie in hohen Konzentrationen Enzyme, pflanzliche Hormone, Vitamine, Mineralstoffe und Spurenelemente wie zum Beispiel Eisen, Kalzium, Magnesium, Phosphor, Silizium. Sie enthält Vitamin E, das vor Zell- und Gewebealterung schützt, sowie die Vitamine B2, B5 für den Stoffwechsel und die Hormonbildung und das seltene Vitamin K.

IN DER HOMÖOPATHIE

Das Homöopathikum »Urtica urens« (kleine Brennnessel) wird aus Blättern, Stängeln und Wurzeln hergestellt. Verwendet wird das Heilmittel bei Rheuma, Gicht und zur Ausscheidung von Harnsäure. Auch bei Nesselsucht und anderen Ausschlägen mit Brennen und Jucken, bei leichten Verbrennungen und Sonnenbrand kommt es zum Einsatz.

IN KÜCHE UND HAUS

Die vitalstoffreiche Brennnessel sollte auf keinem Speisezettel fehlen. Aus den jungen Blättern und Trieben der Pflanze kann man wohlschmeckende Gerichte zubereiten: leckere Eintöpfe, Aufläufe, Kräutersuppen und -gemüse. Brennnesselblätter schmecken würzig als Salat mit Avocado, Knoblauch und Olivenöl sowie in Quarkspeisen. Die Samen können aufs Müsli oder aufs Butterbrot gestreut werden.

Wiesenschaumkraut

Gauchblume, Kuckucksblume, Wiesenkresse, Wilde Kresse, Hungerblume, Hexenspucke, Donnerblume

Mit dem ersten Kuckucksruf im Frühling kommen die Frühjahrsblüher hervor. Als einer der Ersten zeigt sich das Wiesenschaumkraut. Seine Blütezeit reicht von März bis in den Juni hinein. Dann sieht es aus, als wären die Wiesen von einem farbigen Schaum bedeckt. Möglicherweise kommt daher der Name. Oder aber er rührt von der Schaumzikade her, einem Insekt, das von der Pflanze lebt und Schaumnester mit seinen Larven darauf hinterlässt. Das Wiesenschaumkraut wächst in Gesellschaft mit Löwenzahn, Hahnenfuß, Weißer Taubnessel, Gundermann, Schlüsselblume, Storchschnabel und anderen. Inmitten dieser Symphonie wettstreitender Farben nimmt sich das Wiesenschaumkraut mit seinen blasslila bis blassrosa Farben bescheiden aus. Wer sich die zarten Blüten indessen aus der Nähe anschaut, kann erkennen, dass sie von vielen kleinen violetten Äderchen durchzogen sind. Die grazile Pflanze wird bis zu 30 Zentimeter hoch. Sie wächst auf naturbelassenen Feuchtwiesen, an Bachufern, in lichten Wäldern bis in subalpine Regionen und ist in Europa weit verbreitet.

Das Wiesenschaumkraut gehört zur Familie der Kreuzblütengewächse (Brassicaceae). Der wissenschaftliche Name »Cardamine« stammt vom griechischen Wort *Kardamomon*, was man

WIRKSTOFFE: Ätherisches Öl, Bitterstoffe, Mineralstoffe, Senfölglykoside, Vitamin C.
MEDIZINISCHE VERWENDUNG: Blutarmut, Stoffwechselstörungen, Hauterkrankungen.
EIGENSCHAFTEN: Stärkend, antibakteriell, blutreinigend, antibiotisch.

Cardamine pratensis

mit Kresse übersetzen kann. Der lateinische Artname »praten-sis« bedeutet »auf der Wiese wachsend« und weist auf den häufigen Standort Wiese hin. Früher war das Wiesenschaumkraut für die Bauern eine sogenannte »Zeigerpflanze«: Wiesen mit viel Wiesenschaumkraut bedeuteten wenig Heu. Daher nannte man die Pflanze im Volksmund auch »Hungerblume«. Das Wiesenschaumkraut wird in der Pflanzenastrologie dem Planeten Merkur zugeordnet.

In der Volksmedizin wird der ganze obere Teil der Pflanze frisch oder getrocknet verwendet.

KRAUT DER SCHAMANEN

Das Wiesenschaumkraut ist eine alte Schamanenpflanze. Einst nutzte man sie, um in Kontakt mit den Ahnen zu treten und den Weg in andere Sphären zu erleichtern. In England glaubten die Menschen, dass man sich den Schaum der Pflanze an einem Maimorgen in die Augen reiben müsse, um die Elfen tanzen zu sehen. Nach einem alten Volksglauben verursacht das Pflücken der »Donnerblume« Gewitter und Blitzschlag.

SAMMELZEIT

Gesammelt wird das blühende Kraut, ohne Wurzel, in den Monaten *April bis Juni*. Es wird gebündelt und an einem schattigen Ort getrocknet.

HEILKRÄFTE

Das Wiesenschaumkraut stärkt und belebt den gesamten Organismus. In der Pflanze sind Senfölglykoside enthalten, die im Frühjahr nach einem entbehrungsreichen Winter das Blut reinigen, Leber und Niere anregen, den Körper entschlacken. Die enthaltenen Bitterstoffe machen es zusammen mit dem ätherischen Öl zum »Amarum aromaticum«. Die Inhaltsstoffe wirken entzündungswidrig, auswurffördernd, harntreibend, krampflösend und tonisierend (stärkend). Das Kraut wirkt stimulierend auf Magen, Darm, Galle und Leber. Es bekämpft Gärungserreger und Bakterien. Durch die Mineralstoffe vertreibt das Wiesenschaumkraut die Frühjahrsmüdigkeit. Mit seinem hohen Vitamin-C-Gehalt stärkt es das Immunsystem und beugt Erkältungskrankheiten vor. Kräuterpfarrer Künzle (1857–1945) lobt das Kraut und empfiehlt es zur Reinigung von Gedärmen und Lunge. Die Schulmedizin verwendet die frische Pflanze als blutreinigendes Mittel.

IN DER HOMÖOPATHIE

Das Homöopathikum »Cardamine pratensis« wird gegen Bettnässen verordnet.

IN KÜCHE UND HAUS

Vor allem bei vielen Bäuerinnen und Bauern sind die jungen Blätter als Salat hoch geschätzt.

Pikanter Brotaufstrich

DAS REZEPT

Zutaten

1 Büschel Wiesen-
   schaumkraut
1 kleine Zwiebel
250 g Bioquark
   (40 %)
100 ml süße Sahne
Salz und Pfeffer

Zubereitung

Das Wiesenschaumkraut waschen, trocken schütteln und fein hacken, die Zwiebel klein hacken, Quark, Sahne, Salz und Pfeffer dazugeben und alles zu einer glatten Masse verrühren.

Knoblauchrauke

Lauchkraut, Knoblauchhederich, Waldknoblauch, Knofelkraut, Hasekehl, Bärentatze

Die Knoblauchrauke gehört zu unseren ältesten heimischen Gewürzpflanzen. Archäologische Funde an der Ostsee lassen sich bis auf etwa 4000 Jahre vor unserer Zeitrechnung zurückdatieren und belegen, dass sie in alten Zeiten bereits als Heil- und Nahrungsmittel diente. Die Pflanze ist in Europa und Asien heimisch. Sie kommt sehr häufig vor: In Laubwäldern, an Hecken und Gebüschen, an Bäumen und Wegrändern. Sie wächst in der Sonne und im Halbschatten und bevorzugt feuchte Standorte.

Die Knoblauchrauke ist eine der schmackhaftesten Frühjahrspflanzen. Dabei ist sie kein Verwandter von Knoblauch oder Bärlauch. Vielmehr gehört sie zur Familie der Kreuzblütengewächse, zu der auch die Brunnenkresse und das Wiesenschaumkraut gehören. Die Knoblauchrauke ist eine zweijährige krautige Pflanze und wird circa 50 Zentimeter hoch. Sie blüht mit bescheidenen weißen Blütchen. Wenn man die Blätter zerreibt, entsteht ein knoblauchartiger Geruch. Außerdem hat sie einen senfähnlichen Geschmack, für den das Senfölglykosid verantwortlich ist. Der wissenschaftliche Name »Alliaria petiolata« stammt vom lateinischen *allium* = Lauch und *petiolus* = kleiner Stiel. Bienen, Insekten und Käfern dient sie als willkommene Futterpflanze. In der Volksmedizin wird die ganze Pflanze frisch verwendet.

WIRKSTOFFE: Vitamine, Mineralstoffe, ätherische Öle, Enzyme.
MEDIZINISCHE VERWENDUNG: Als Frühjahrskur und äußerlich zur Wundheilung.
EIGENSCHAFTEN: Stärkend, schleimlösend, entzündungshemmend, antiseptisch.

Alliaria petiolata

SAMMELZEIT

Unter unseren ersten Frühjahrskräutern findet sich die Knoblauchrauke. Ihre Blütezeit währt von *April bis September*, dann
kann der obere Teil geerntet werden. Die Pflanze sollte nur
frisch verwendet werden. Getrocknet verliert das Kraut sowohl
an Geschmack als auch an Wirkung. Nach der Blüte können
die Samen geerntet werden.

GESCHICHTE

Die Pflanze wurde vor allem von der ärmeren Bevölkerung
im Mittelalter genutzt, die sich teure Gewürze nicht leisten
konnte. Man schätzte den Geschmack auch zu gesalzenem
Fisch und zu Hammelbraten, dem man so den aufdringlichen
Geschmack nehmen wollte.

HEILKRÄFTE

In jüngerer Zeit wurde die Pflanze von vielen Kräuterkennern
neu entdeckt. Die Knoblauchrauke enthält die Stoffe Senfölglykoside, Enzyme, Carotinoide, Saponine, ätherische Öle,

Provitamin A und Vitamin C sowie Mineralstoffe. Die heilende, gesundheitsfördernde Wirkung der Knoblauchrauke ist nicht zu unterschätzen. Sie wirkt antiseptisch und wundheilend, blutreinigend und harntreibend. Sie eignet sich wie Brennnessel und Löwenzahn hervorragend für eine Frühjahrskur. Sie löst die im Winter erstarrten Erkältungen wie festsitzenden Husten oder chronische Bronchitis. Sie befeuert den im Winter träge gewordenen Stoffwechsel und wirkt allgemein stärkend.

In der Homöopathie

Als Homöopathikum wird eine aus der Frischpflanze bereitete Tinktur als ein Diuretikum, ein harntreibendes Mittel, verwendet.

In Küche und Haus

Mit dem wiedererwachten Interesse an Wildkräutern in der Küche kommt auch die Knoblauchrauke erneut zu Ehren. Ein paar Blätter im Salat verleihen diesem ein dezentes Knoblaucharoma, ebenso in Kräuterquark und Frischkäsezubereitungen, Pesto oder Kräuterbutter. Blätter und Samen, zu Suppen, Soßen, Kräuterfüllungen und Wildgemüse gegeben, verhelfen den Speisen zu einem pikanten Geschmack.

Knoblauchrauken-Senf

DAS REZEPT

Zutaten

60 g Knoblauch-
   raukesamen, fein
   gemahlen
1 TL Meersalz
1 TL Rohrzucker
   oder Waldhonig
1 EL kalt gepresstes
   Sonnenblumenöl
3 ½ EL naturtrüber
   Apfelessig
45 ml Mineralwasser

Zubereitung

Alle Zutaten nacheinander in einen Mixer geben und zusammen zerkleinern. Danach in Gläser füllen und zwei bis zweieinhalb Wochen an einem dunklen und kühlen Ort ruhen lassen.

Spitzwegerich

Wegetritt, Lungenblatt, Hundsripp, Lämmerzunge, Spießkraut, Wundwegerich, Heilwegerich

Der Wegerich ist der Herrscher des Weges. Das ergibt sich schon aus seinem Namen. Das *-rich* des Wegerichs ist indogermanischen Ursprungs und bedeutet so viel wie »König«. Der Wegerich stammt aus Europa und Asien. Er ist eine ausdauernde Pflanze, die 15 bis 60 Zentimeter hoch wird, und gehört zur Familie der Wegerichgewächse. Besonders vertraut sind uns der Spitzwegerich und der Breite Wegerich. Der Wegerich wächst auf Feldern, Weiden, an Wald-, Weg- und Wiesenrändern. Wobei der Spitzwegerich eine kleine kugelige Blüte, der Breite Wegerich eine lange Rispe hat. Oft stehen die breit- und schmalblättrigen Arten in Gruppen beieinander.

Kräuterpfarrer Künzle (1857–1945) sagt über den Wegerich: »Den Wegerich hat der liebe Gott an alle Wege gestreut, in alle Wiesen und Raine gesetzt, damit wir ihn stets bei der Hand haben. Denn er ist unstrittig das erste, beste und häufigste aller Heilkräuter.« In der Volksheilkunde werden hauptsächlich die Blätter verwendet.

WIRKSTOFFE: Schleim-, Gerb- und Bitterstoffe, Aucubin, Zucker, Flavonoide, ätherisches Öl, Vitamin A, C, K, Kieselsäure, Kalium, Kalzium, Eisen, Zink, Phosphor (Blätter).
MEDIZINISCHE VERWENDUNG: Erkrankungen der oberen Atemwege, Katarrhe, Husten. Fiebrige Lungen- und Bronchialleiden. Durchfall und Blasenentzündung (Blätter).
EIGENSCHAFTEN: Schleimlösend, krampflösend, adstringierend, fiebersenkend, magenstärkend, blutstillend, wundheilend, antibiotisch.

Plantago lanceolata

UNTER DER HERRSCHAFT DES MERKUR

Pflanzenastrologisch steht der Wegerich unter der Herrschaft des Merkur, denn Merkur, mit seinen geflügelten Schuhen, gilt als Herr aller Wege.

SAMMELZEIT

Die Blätter werden in den Monaten *März bis August* gesammelt. Wir breiten sie auf einem Holzrost im Schatten zum Trocknen aus.

HEILKRÄFTE

Diese unscheinbare Pflanze gehörte zu den wichtigsten Heilpflanzen des Altertums und des Mittelalters. Sie galt als ein Allheilmittel und wurde zur Behandlung von Wunden und Geschwüren, von Schlangenbissen, Hämorrhoiden und Knochenbrüchen, bei Fieber und Nierenleiden angewendet. Als ein Mittel gegen Kopfschmerzen hatte der Wegerich einen guten

Ruf. Alexander der Große nahm die Pflanze gegen seine rasenden Kopfschmerzen. Es hat von den Ärzten der Antike bis hin zu den großen Naturheilern unserer Zeit viele Anwendungsempfehlungen für das Heilkraut gegeben. Spitzwegerichblätter sind hilfreich bei starker Verschleimung, bei sämtlichen Erkrankungen der Atmungsorgane, Lungenasthma, Lungenspitzenkatarrh und Lungentuberkulose. Ebenso bei jeder Form des Hustens.

Der Wegerich ist auch ein altes Hausmittel zum Blutstillen. In manchen Gegenden schnupft man ihn heute noch bei Nasenbluten. Und noch immer nehmen manche Wanderer Wegerichblätter als Erste Hilfe bei Verletzungen und Insektenstichen. Wobei man die Blätter zerkaut und auf die Wunde legt. Pfarrer Kneipp schreibt, man könne den Wegerich ohne Gefahr einer Blutvergiftung zur Heilung von offenen Wunden verwenden. Die frisch zerquetschten Blätter lindern als Kompresse Entzündungen der Augen und der Haut.

Zur Raucherentwöhnung wird der aus den Blättern gewonnene Spitzwegerichfrischsaft (gläschenweise) oder die Urtinktur (tropfenweise in Wasser) genommen.

IN DER HOMÖOPATHIE
Das Homöopathikum »Plantago major« wird aus dem Breitwegerich hergestellt. Es wird bei Zahnschmerzen, Gesichtsneuralgien, Ohrenschmerzen und Bettnässen verabreicht.

IN KÜCHE UND HAUS
Die Blätter des Wegerichs haben einen herb-bitteren Geschmack. Sie eignen sich hervorragend als Wildgemüse, in Salaten, in Quark, als Kräuterbutter. Als Gemüse gekocht oder gedämpft schmeckt der Wegerich wie eine Mischung aus Spinat und Kohl.

WEGERICH ALS SUPPENGEWÜRZ: Die im Schatten getrockneten Wegerichblätter bewahren wir in Weißblechdosen auf und verwenden sie als schmackhaftes und gesundes Suppengewürz.

Weiße Taubnessel

Bienensaug, Hummelsaug, Weiße Nessel, Kuckucksnessel, Blumennessel

Die Weiße Taubnessel ist eine schon in der Antike geschätzte Pflanze. Sie wächst meist gesellig an sonnigen und trockenen Stellen. Wir finden sie an Hecken und Zäunen, an Wegen, Mauern und auf Wiesen. Ihr botanischer Name »Lamium« soll von der Nymphe Lamia stammen – und von lateinisch *album* = weiß wegen ihrer weißen Blüten.

Die Weiße Taubnessel besitzt einen vierkantigen Stängel, an dem in Quirlen angeordnet reinweiße Lippenblüten stehen. Sie duften honigartig. Die Pflanze wird bis zu 40 Zentimeter hoch. Sie hat Blätter, die am Rande gezähnt und herzförmig sind, und blüht von April bis September. Die Taubnessel lockt mit ihrem süßen Duft Bienen und Hummeln an. Doch auch Kinder saugen gerne an ihren honigsüßen Blüten. Die Pflanze gehört zu den Lippenblütengewächsen (Lamiaceae), die bevorzugt im Mittelmeergebiet wachsen und mit ihren ätherischen Ölen zu den stark duftenden Heil- und Würzpflanzen des Sommers gehören wie Rosmarin, Lavendel, Thymian, Salbei oder Ysop. Die Klosterfrau und Ärztin Hildegard von Bingen (1098–1179) schreibt über die Taubnessel: »Wer sie genießt, lacht gern, denn ihre Wärme, die auf die Milz einwirkt, erheitert das Herz.«

WIRKSTOFFE: Flavonoide, Gerbstoffe, Saponine, ätherisches Öl, Schleimstoffe, Glykoside.
MEDIZINISCHE VERWENDUNG: Katarrhe, Magen-und Darmbeschwerden.
EIGENSCHAFTEN: Schleimlösend, auswurffördernd, magenwirksam.

Lamium album

In der Naturheilkunde werden die Blüten verwendet.

GESCHICHTLICHES

Früher wurden aus den Fasern der Taubnessel Taue oder Segeltücher hergestellt. Speziell wurde aus der Nessel das Garn für Fischernetze gemacht.

SAMMELZEIT

April bis Oktober. Für medizinische Zwecke sammeln wir die voll entwickelten Blüten in den heißen Sommermonaten. Wir breiten sie auf einem Holzrost im Schatten zum Trocknen aus. Anschließend müssen sie in gut schließenden Gefäßen aufbewahrt werden, weil sie sonst leicht schimmeln.

HEILKRÄFTE

Der berühmte Arzt Paracelsus (ca. 1493–1541) verordnete schon die weißen Blüten der Taubnessel. Er nannte sie »Nesselweiblein« und gebrauchte sie als ein Frauenheilkraut. Er schreibt: »Die Nessel, die weiß blüht, soll von Frauen getrunken werden.« Man verwendet die Taubnessel bis heute vorwiegend als Teezubereitung, zu Reinigungskuren, bei Unterleibserkrankungen oder in Form von Sitzbädern bei Entzündungen. In der neueren Zeit nutzte Sebastian Kneipp (1821–1897) die Taubnessel unter anderem bei Asthma und bei Ohrenleiden. Wegen ihrer kühlenden Wirkung verwendete Pfarrer Künzle (1857–1945) sie bei Fieber. Als Tee ist die Droge heilsam bei Durchfall, Blasenentzündung, bei Blutfluss und Ruhr.

Die Kräuterfrau Maria Treben nennt sie die zahme Nessel und lobt sie als ein weitgefächertes Heilkraut. Sie empfiehlt sie bei Menstruations- und Unterleibsbeschwerden, bei Harnleiden und Wasserbrennen, daneben auch in Form von Umschlägen bei Geschwüren und Krampfadern. In der Volksheilkunde ist der aus den Blüten der Weißen Taubnessel hergestellte Tee hilfreich bei Blutarmut, Appetitlosigkeit sowie Hautunreinheiten, bei Husten und Bronchitis, Asthma und Erkältung. Ebenso bei Magenentzündung und Verdauungsstörung und äußerlich angewendet bei schlecht heilenden Wunden, Ekzemen usw.

Auch als Schlafmittel und Nervenmittel für ältere Menschen trinkt man den mit Honig gesüßten Blütentee aus Weißer Taubnessel. Heute empfiehlt man das Kraut vorwiegend als Tee, Bad oder Tinktur.

IN DER HOMÖOPATHIE

Das Homöopathikum »Lamium album« wird aus den frischen Blüten und Blättern gewonnen und gegen Blasen- und Nierenleiden verwendet.

IN KÜCHE UND HAUS

Die jungen Blätter der Taubnessel werden wie Spinat zubereitet und können als Gemüse oder als Salat gegessen werden. Auch verwendet man sie gerne frisch in der Frankfurter Grünen Soße, in Quark, Salat, aufs Butterbrot gestreut oder als Gewürz.

Waldmeister

Maiblume, Waldmännlein, Herzfreud, Sternleberkraut, Waldfee

D ie Leichtigkeit der Waldfee, wie der Waldmeister im Volksmund auch genannt wird, die sich in ihrer äußeren Erscheinung offenbart, entspricht ihrer Wirkung im seelischen Bereich. Sie macht uns Menschen heiter und fröhlich und fördert unsere Lebensfreude.

Der Waldmeister ist ein Heilkraut für Körper und Seele. Er wächst in schattigen, humusreichen Laubwäldern, besonders gerne unter Buchen. Im Frühjahr bildet er dunkelgrüne Kolonien, die sich teppichartig am Boden ausbreiten. Der Waldmeister wird 10 bis 30 Zentimeter hoch. Beim Frühlingsspaziergang steigt uns sein aromatischer Duft lieblich in die Nase. Denn das Pflänzlein blüht ab Mitte April bis Juni mit kleinen weißen Blütensternen, die einen lieblichen, vanilleähnlichen Duft verströmen. Doch erst wenn er welkt, entfaltet der Waldmeister seinen ganz besonderen Duft.

In der Heilkunde wird das ganze blühende Kraut verwendet.

Ein altes Frauenheilkraut

Nordische Mythen berichten von magischen Kräften, die der Pflanze innewohnen. Im Altertum war sie den weiblichen Gott-

WIRKSTOFFE: Cumarine, Asperulosid, Zitronensäure, Gerbsäure, Bitterstoffe.
MEDIZINISCHE VERWENDUNG: Leberstauungen, Harnverhalten, Menstruationsbeschwerden, Schlaflosigkeit, unregelmäßige Herztätigkeit, Schwermut, Migräne.
EIGENSCHAFTEN: Beruhigend, schlaffördernd, herzstärkend, krampflösend, harntreibend, verdauungsfördernd.

Asperula odorata

heiten geweiht. Als ein Frauenheilkraut brachte sie Gebärenden Hilfe bei der Niederkunft, stärkte Herz und Nerven von
Mutter und Kind. Man band Waldmeister an die Waden der
Gebärenden, füllte Kissen und Matratzen mit dem getrockneten Kraut. Und so brachten die Frauen im Altertum auf einem
Lager von duftendem Waldmeister ihr Kind zur Welt. Mit der
Christanisierung wurde die Pflanze, neben anderen Frauenheil-
kräutern, der Jungfrau Maria geweiht. Als »Mariae Bettstroh«
brachte sie jetzt segensreiche Hilfe – und zwar immer noch,
wie zuvor, den Gebärenden und den neuen Erdenbürgern.

SAMMELZEIT

Der Waldmeister wird zur Blütezeit in den Monaten *Mai und
Juni* geerntet. Man schneidet die ganze Pflanze dicht über
dem Erdboden ab und breitet sie in dünnen Lagen zum Trocknen aus.

HEILKRÄFTE

Der Waldmeister ist ein altes Volksheilmittel. Pfarrer Kneipp
lobt seine krampflösenden Eigenschaften bei Leibschmerzen,
bei Koliken und bei schmerzhafter Regel. Die Pflanze ist hilfreich bei Nervosität und Unruhe, bei Angst, die von Herzklop-
fen begleitet ist, bei Hysterie und Schwermut. Der Waldmeis-

ter hat herzstärkende Wirkkräfte und ist eine ausgezeichnete Frühjahrskur für das müde Herz. Als ein sanftes Heilkraut fördert er den Schlaf von Kindern und alten Menschen. Auch ist er ein Kraut zur Reinigung und Stärkung der Leber, weshalb er im Volksmund auch Sternleberkraut genannt wird. Seine wichtigsten Heilstoffe sind Cumarine, die für den süßlichen Duft verantwortlich sind, Gerbstoffe, Bitterstoffe und Vitamin C. In ländlichen Gegenden macht man gerne ein starkes Dekokt aus dem frischen Kraut als Kräuterlikör und Magenbitter. Und mancher Bauer legt auch heute noch gegen Kopfschmerzen frisch zerquetschtes Kraut auf die Schläfe.

In der Homöopathie

Das Homöopathikum »Asperula odorata« wird als Urtinktur aus der ganzen frischen Pflanze hergestellt und bei Gebärmutterentzündung erfolgreich angewandt.

In Küche und Haus

Im Monat Mai bei vielen Menschen beliebt ist die berühmte Waldmeisterbowle, ein traditionelles Getränk, das schon im 9. Jahrhundert von Benediktinermönchen gebraut wurde. Die Bowle ist eine Mazeration von Waldmeisterblättern in leicht gezuckertem Weißwein. Sie wirkt anregend. Doch Vorsicht ist geboten. Trinkt man zu viel davon, so können schlimme Kopfschmerzen die Folge sein.

DAS REZEPT

Maibowle

Zutaten

1 Sträußchen Waldmeister, leicht angetrocknet
2 EL Zucker
1 Flasche Weißwein (Riesling)
1 Flasche Sekt

Zubereitung

Das Sträußchen in ein Bowlegefäß hängen und mit dem Wein übergießen. Zwei Stunden an einem kühlen Ort ziehen lassen. Zucker in etwas Mineralwasser erhitzen und auflösen. Mit dem Sekt auffüllen.

Veilchen

Osterveigerl, Schwalbenblume, Marienstängel, Viola

Das süß duftende Veilchen hat zu allen Zeiten große Dichter inspiriert. Schon Homer und Virgil besingen es in ihren Werken. Es ist ein Symbol des Frühlings und der Hoffnung. Und ein Symbol der Jungfräulichkeit, weshalb man es im Volksmund auch Marienstängel nennt. Seine Demut und Bescheidenheit ist sprichwörtlich. So ist etwa vom »Veilchen, das im Verborgenen blüht« die Rede. Dennoch war es die Lieblingsblume großer Männer wie Homer, Plato, Kaiser Wilhelm I., Goethe oder Churchill, die alles andere als bescheiden waren. Das Veilchen wächst vor allem in sonnigen Lagen an Rainen, an Hecken und Gebüschen, an Zäunen und Waldrändern. Die kleine, wohlriechende Pflanze ist ausdauernd. Sie kann bis zu 10 Zentimeter hoch werden, hat herzförmige Blätter und kleine blauviolette Blüten.

Der wissenschaftliche Name lautet »Viola odorata« von lateinisch *Viola* = Veilchen und *odorata* = wohlriechend. Das Veilchen stammt aus dem Mittelmeerraum und wächst heute in den gemäßigten Klimazonen Europas. Es gehört zur Familie der Veilchengewächse (Violaceae). In der Volksheilkunde verwendet man die ganze blühende Pflanze ohne Wurzel. Mit seinem lieblichen Duft ist das Veilchen eine Pflanze der Venus.

WIRKSTOFFE: Alkaloid Violin, ätherisches Öl, Eiweiß, Zucker, Salicylsäureverbindungen, Saponine, Bitterstoffe, Glykosid, Schleimstoffe.
MEDIZINISCHE VERWENDUNG: Bronchitis mit festsitzendem Schleim, Blutreinigung, Gelbsucht, Keuchhusten. Äußerlich bei Hautkrankheiten, Schwellungen.
EIGENSCHAFTEN: Blutdrucksenkend, schleimlösend, auswurffördernd, blutreinigend, leicht abführend.

Viola odorata

AUS ALTEN KRÄUTERBÜCHERN

Der Arzt Adamus Lonicerus (1528–1586) schreibt: »Violen weichen den Bauch / und treiben auß die Cholera / oder bittere Gall / löschen die Hitz / bringen gute Ruh und Schlaf / heilen Halß- und Brustgeschwer / löschen den Durst / und benemmen die Geelsucht.«

SAMMELZEIT

In den Monaten *März bis Juni* kann die blühende Pflanze geerntet werden, die frisch oder getrocknet Verwendung findet.

HEILKRÄFTE

Im Altertum und Mittelalter waren die Heilkräfte des Veilchens besonders geschätzt. In Athen nahm man es als Stimmungsaufheller gegen Ärger, um den Schlaf zu fördern und um das Herz zu stärken. Mit einem Kranz aus Veilchen vertrieb man den Weindunst und verhütete Kopfweh und Schwindel. Schon Galen, der große griechische Arzt (ca. 130 – ca. 200 n. Chr.), nutzte die entzündungshemmenden und auswurffördernden Eigenschaften. Von den Blüten werden Sirup und Infus, mit braunem Zucker oder Honig gesüßt, hergestellt, die den Hustenreiz lindern. Auch Sebastian Kneipp schätzte das Veilchen bei Husten- und Lungenleiden, bei Atemnot und Kopfweh. In England bereitete man früher Veilchenzucker aus den Blütenköpfchen, der als Mittel gegen die Schwindsucht in allen Apotheken verkauft wurde. Die Blüten nimmt man bei Erkrankungen der oberen Luftwege, als Beruhigungs- und Schlafmittel. Die ganze blühende Pflanze bei Blähungen und Kopfschmerzen. Bei Angina und Halsentzündung und Entzündungen der Mundschleimhaut gurgelt man mit Veilchentee. Und der Bauer legt bei Schwellungen und Quetschungen gerne einen Umschlag aus Veilchen auf.

In der Homöopathie

In der Homöopathie wird ein Extrakt der ganzen frischen blühenden Pflanze, ohne Wurzel, bereitet, der zur Linderung von Ohrenschmerzen, rheumatischen Gelenkerkrankungen, Asthma und Keuchhusten und gegen Hautunreinheiten verwendet wird.

In Küche und Haus

Veilchenblüten werden kandiert als Süßigkeit oder zum Verzieren von Torten verwendet.

DAS REZEPT

Veilchensirup

Zutaten

2 Handvoll frische Veilchenblüten
Honig

Zubereitung

1 Handvoll Veilchenblüten mit 250 ml heißem Wasser in eine Flasche füllen. 24 Stunden ziehen lassen. Abseihen, die Flüssigkeit über eine weitere Handvoll Veilchenblüten gießen, in die Flasche füllen und wieder 24 Stunden ziehen lassen. Abseihen und die Flüssigkeit mit der gleichen Menge an Honig mischen. Den Sirup wird bei Husten teelöffelweise eingenommen und ist bei Kindern besonders beliebt.

Teufelsabbiss

Abbisskraut, Ackerskabiose, Taubenskabiose, Satanswurz

Die deutsche Bezeichnung »Teufelsabbiss« verdanken wir einer Vielzahl von Sagen und Geschichten, die die Pflanze umranken. Einer dieser Sagen nach soll der Teufel sich über die große Heilkraft der Pflanze so geärgert haben, dass er die Wurzel kurzerhand abgebissen habe. Ähnlich wie beim Johanniskraut, in das er kleine Löcher gestochen oder gebissen haben soll. In der Tat sieht das untere Ende der Wurzel aus, als hätte man sie abgebissen.

Der Teufelsabbiss ist ein bedeutendes Heilkraut. Er zeigt sich schon früh auf unseren bunten Sommerwiesen zusammen mit anderen wilden Blumen, mit Margerite und Wiesensalbei, mit Glockenblume und Schafgarbe. Mit seinem Reichtum an Nektar und Pollen lockt er Honigbienen und Hummeln, Schmetterlinge und viele Insekten an. Die Pflanze wächst in ganz Europa. Sie bevorzugt feuchte Wiesen, offenes Waldland, Moore und Sümpfe. Teufelsabbiss findet sich an Fluss- und Seerändern. Er ist eine mehrjährige Pflanze aus der Familie der Kardengewächse (Dipsacaceae). Der lateinische Gattungsname »Succisa« leitet sich von dem Wort *succisus* = (unten) abgeschnitten ab, der Artname »pratensis« ist ebenfalls lateinisch und bedeutet »auf Wiesen wachsend«. Die Pflanze wird 25 bis 50 Zentimeter hoch und hat kurze, dicke Wurzeln. Die Blütenköpfe sitzen auf langen Stängeln und sind blau bis blauviolett.

WIRKSTOFFE: Saponine, Bitterstoffe und Gerbstoffe.
MEDIZINISCHE VERWENDUNG: Blutreinigung. Husten. Heiserkeit.
EIGENSCHAFTEN: Adstringierend, entzündungshemmend, schleimlösend, auswurffördernd.

Succisa pratensis

In der Volksheilkunde werden Wurzel und Kraut innerlich und äußerlich verwendet.

SAMMELZEIT

In den Monaten *Juli bis September* wird der obere blühende Teil gepflückt, im Schatten ausgebreitet und getrocknet. Die Wurzel können wir im *Oktober und November* ausgraben und gebündelt im Schatten zum Trocknen aufhängen.

MAGIE

Der Teufelsabbiss galt einst als ein antidämonisches Kraut. Als Amulett um den Hals getragen, schützte es vor bösem Zauber. Auch hängte man es an Türen und Fenster. Im Stall angebracht, half es gegen Verhexung des Viehs.

Heilkräfte

Äußerlich wird der Teufelsabbiss, vor allem in ländlichen Gegenden, bei Ekzemen, Geschwüren und Entzündungen gebraucht. Dabei wird eine Abkochung als Kompresse oder als Waschung verwendet. Er wird auch als auswurfförderndes Mittel bei Husten und Lungenerkrankungen genommen, ebenso gegen Steinleiden und zur Blutreinigung. Die Wirkung ist zusammenziehend, auswurffördernd, blutreinigend, magenwirksam, stärkend und wundheilend.

Mit ihren zahlreichen Inhaltsstoffen – Gerbstoffe, Bitterstoffe, Saponine, Glykoside, Stärke und Mineralsalze – verfügt die Pflanze wie fast alle Wildkräuter über beeindruckende Heilkräfte. Auch die mittelalterlichen Buchautoren befassen sich damit. Der Arzt und Botaniker Matthiolus (1501–1577) schreibt: »Teuffels abbis soll bewert sein wider die Pestilenz / so manns in Wein siedet und daruon trinckt / auch die grüne gestossene bletter auf die drüse uberlegt. Gleich krafft hat die wurtzel. Das gebrannt wasser auss Teuffel abiss / getruncken / dienet wider alle gebresten der brust / husten / heyserkeit / schweren athem …« Erstaunlich ist es immer wieder zu erfahren, dass die Indikationen einer Heilpflanze über Jahrhunderte hinweg dieselben sind.

In der Homöopathie

In der Homöopathie wird der Teufelsabbiss bei chronischen Hautleiden eingesetzt.

In Küche und Haus

Die jungen Triebe können roh gegessen und als Zutat entschlackenden Frühlingssalaten beigefügt werden.

TEUFELSABBISS-TINKTUR: Die frische Wurzel zerkleinern, in ein verschließbares Gefäß geben und im Verhältnis 1:10 mit 58-prozentigem Alkohol auffüllen. Drei Wochen ziehen lassen, ab und zu schütteln, abseihen und die fertige Tinktur in dunkle Fläschchen füllen. Dreimal täglich 10 bis 30 Tropfen einnehmen.

Schafgarbe

Achilleskraut, Gotteshand, Soldatenkraut, Wundkraut, Blutstillkraut, Schafzunge, Gänsezunge, Tausendblatt, Jungfrauenkraut

In der Fülle des Sommers finden wir die anspruchslose Pflanze auf trockenen, sonnigen Wiesen, auf Weiden, an Feld- und Wegrändern, häufig zusammen mit Johanniskraut, Ackerwinde, Salbei, Margerite und Flockenblume. Die Schafgarbe liebt die Gesellschaft und wächst meist in kleinen Gruppen. Als ein Sommerkraut gehört sie zu unseren starken Heil-, Duft- und Würzkräutern. Und mit ihrem zarten Honigduft locken die Blüten Schmetterlinge, Bienen und Käfer an.

Die Pflanze gehört zur Familie der Korbblütler. Sie ist in ganz Europa zu Hause und blüht von Juni bis in den Spätherbst hinein. Dabei erreicht sie eine Höhe von 60 Zentimetern. Am Oberteil der Stängel wachsen in dichten Doldentrauben stehende weiße Blütenkörbchen. Nach den ersten Frösten sind die Blüten oftmals rosa überhaucht. Wie die Kamille hat auch die Schafgarbe bodenheilende Eigenschaften. Und man sollte sie im Garten nicht als lästiges Unkraut betrachten, vielmehr sollte man das Kraut stets hegen und pflegen. In der Heilkunde wird die ganze blühende Pflanze verwendet.

WIRKSTOFFE: Achillein, ätherisches Öl, Bitterstoffe, Gerbstoffe, Flavonoide, Vitamine, Mineralstoffe.
MEDIZINISCHE VERWENDUNG: Zur Appetitanregung, bei Magen-und Darmbeschwerden, bei inneren und äußeren Blutungen.
EIGENSCHAFTEN: Krampflösend, entzündungshemmend, blutstillend, verdauungsfördernd, galletreibend, magenwirksam, appetitfördernd, stärkend, antibiotisch wirkend.

Achillea millefolium

Ein Soldatenkraut

Trotz ihres bescheidenen Aussehens verdankt die Schafgarbe
ihren wissenschaftlichen Namen dem Helden Achilles. Bei
Verletzungen seiner Soldaten verwendete Achilles die Pflanze
als Wundheilmittel. Und so gaben die alten Griechen der Heilpflanze den Namen »Achilleion«.

Sammelzeit

Wir sammeln das ganze blühende Kraut in den Monaten
Juni bis September. Dabei schneiden wir die Pflanze mit der
Schere handbreit über dem Boden ab. Dann binden wir sie
zu Sträußen und hängen sie »kopfunter« im Schatten zum
Trocknen auf.

Heilkräfte

Neben Kamille und Lindenblüte ist die vielseitige Schafgarbe wohl eines unserer beliebtesten Volksheilmittel. Blätter
und Blüten der Pflanze werden medizinisch verwendet. Die
Schafgarbe enthält Achillein, ätherische Öle, Bitterstoffe,

> **!** Bei Korbblütler-Empfindlichkeit muss auf eine Heil-
> anwendung verzichtet werden.

Gerbstoffe, Flavonoide und sie ist reich an Mineralstoffen und Vitaminen. Als ein aromatisches Bittermittel ist die Schafgarbe heilsam bei Magen-, Darm- und Gallenbeschwerden. Sie regt den Appetit an, fördert die Verdauung und wirkt stärkend. Als ein erprobtes Hausmittel ist sie als Tee schweißtreibend und fiebersenkend. Und mit ihren krampflösenden Eigenschaften zeigt sie sich als ein erprobtes Mittel bei Menstruationsbe-schwerden. Nicht umsonst gilt der Spruch »Schafgarb im Leib tut gut jedem Weib«!

Die Schafgarbe wird medizinisch als Tee verwendet. Äußerlich können Teeumschläge oder eine Lotion angewandt werden.

Doch auch Tiere kennen die Vorzüge der Pflanze. Kühe, Schafe und Ziegen lieben sie als stärkendes Nahrungsmittel und als heilsame Medizin bei Magen- und Darmstörungen.

In der Homöopathie

Das homöopathische Mittel »Achillea« wird bei Stoffwechsel-störungen, Appetitlosigkeit, Leber- und Gallenbeschwerden angewendet.

In Küche und Haus

Durch ihren Gehalt an Bitterstoffen ist die Schafgarbe als Würzkraut besonders für die Zubereitung fetter Speisen ge-eignet. Frisch gesammelte Blüten und junge Blätter sind eine delikate Würze in Suppen und Eintöpfen. Fein geschnitten schmecken sie auch lecker in Quark und in Kräuterbutter.

TEE FÜR DIE VERDAUUNG: 2 TL fein gehackte frische Blüten mit 250 ml kochendem Wasser übergießen. 10 Minuten ziehen lassen. Abseihen. Den Tee zweimal täglich zwischen den Mahl-zeiten trinken.

Mädesüß

E in Duftkraut, welches das Herz froh macht«, schwärmte einst der englische Kräuterkundige Gerard (1545–1612). Denn das Mädesüß duftet betörend nach süßer Vanille. Mit seinen ausgleichenden und stimmungsaufhellenden Eigenschaften wird es auch in der Aromatherapie gerne verwendet. Wegen seiner stolzen, hoch über die Wiesengräser ragenden Gestalt wird es im Volksmund auch Wiesenkönigin genannt. Mädesüß hat flauschige, cremefarbige Blütenstände. Die Stängel sind spröde und hölzern und können leicht gebrochen werden. Das Mädesüß wird bis zu eineinhalb Meter hoch. Es wächst in England, Mitteleuropa und Skandinavien. Die Pflanze gehört zur Familie der Rosengewächse. Sie blüht von Juni bis August und wächst an feuchten Orten, an Bachufern, in Marschland, Sümpfen und auf feuchtem Weideland, an ungedüngten und ungespritzten Plätzen. Den Namen verdankt es nicht etwa seinem graziösen Wuchs, vielmehr der Tatsache, dass die Blüten einst zum Aromatisieren und Süßen von Met verwendet wurden. Früher einmal war es ebenso Brauch, die Böden von Stube und Kammer mit duftenden Kräutern zu bestreuen. Sie dienten als Schutz vor Krankheiten. Und im Winter wärmten sie angenehm die Füße.

WIRKSTOFFE: Salicylsäure, ätherisches Öl, Gerbstoffe, Schleimstoffe, Flavonoide.
MEDIZINISCHE VERWENDUNG: Bei Blasen- und Nierenleiden, Fieber und Kopfschmerzen, bei Rheuma und gegen rheumatische Schmerzen.
EIGENSCHAFTEN: Harn- und schweißtreibend, fiebersenkend, antirheumatisch, zusammenziehend, entzündungshemmend, schmerzlindernd.

Filipendula ulmaria

In der Heilkunde wird das ganze blühende Kraut verwendet.

Lebensverlängernde Eigenschaften

Neben Wasserminze und Eisenkraut war das Mädesüß eines der drei heiligen Kräuter der Druiden. Es war ein wichtiger Bestandteil ihrer Heil- und Zaubertränke. Auch im Mittelalter schrieb man dem Mädesüß magische Kräfte zu. Man flocht daraus Kränze und Girlanden und hängte sie in den Stuben auf, um sich vor Krankheit und bösen Mächten zu schützen. Und einem alten Mythos zufolge soll der Duft von Mädesüß gar lebensverlängernd wirken.

Sammelzeit

In den Monaten *Juni bis August*, wenn die Blüten voll entfaltet sind, ernten wir die Pflanze. Wir bündeln sie zu kleinen Sträußen und hängen sie zum Trocknen an einen schattigen Ort. Um auch die abfallenden Blüten zu bekommen, legt man ein Tuch darunter.

> **!** Nebenwirkungen: Bei Überdosierung kann es zu Magen-
> beschwerden und Übelkeit kommen.

HEILKRÄFTE

Das Mädesüß fördert die Regeneration der Magenschleimhaut und trägt so zur raschen Ausheilung von Magen-
geschwüren bei. Mit seinem hohen Gerbstoffgehalt ist es
zusammenziehend und entzündungshemmend und wirkt
dadurch wundheilend. Das Mädesüß ist ein hilfreiches Mittel
bei Gelenkrheuma und Arthritis. Mit seinen großen schmerz-
lindernden Eigenschaften wirkt es bei arthritischen Schmerzen und bei Kopfweh. Das Kraut übt eine antiseptische
Wirkung auf den Harntrakt aus. Es ist ein starkes Diuretikum
und kann zur Behandlung von Nieren- und Blasenbeschwer-
den genommen werden. Das Mädesüß ist schweißtreibend
und fiebersenkend. In der Volksheilkunde wird es bei fieberhaften Erkältungen, bei Grippe und Schnupfen genommen.
Das Mädesüß vermehrt die Gallenproduktion und wirkt damit
verdauungsfördernd. Auch verbessert es die Funktion des
Immunsystems.

IN DER HOMÖOPATHIE

Für das Homöopathikum »Spirea ulmaria« nimmt man die frische Wurzel der Pflanze. Es gilt als gutes Mittel gegen chronischen und akuten Gelenkrheumatismus und gegen Ischias.

IN KÜCHE UND HAUS

In der Küche wird es gerne als aromatisierendes Kraut verwendet: Dem im Topf kochenden Kompott werden einige Blüten
Mädesüß beigemischt. Dadurch erhält die Obstspeise einen
delikaten, süßen Honiggeschmack. Gleichzeitig kann man
damit die Zuckermenge reduzieren.

ABSUD ZUR WUNDBEHANDLUNG: 30 g Mädesüß mit 600 ml
kochendem Wasser übergießen und 20 Minuten stehen lassen.
Abseihen. Im Kühlschrank hält sich dieser Absud 3 Tage.

Johanniskraut

Hartheu, Hexenkraut, Teufelsfluch, Sonnwendkraut, Blutkraut, Wundkraut

Das Johanniskraut blüht zur Sommersonnenwende, wenn die Sonne ihren höchsten Stand erreicht hat. Wir finden es draußen in der Natur überall dort, wo es sonnig und trocken ist, auf mageren Wiesen, an Wald- und Wegrändern, an Feldrainen und Böschungen. Dabei wird es bis 80 Zentimeter hoch. Es blüht von Juni bis in den September hinein mit goldgelben, sonnenähnlichen Blütchen. Die Blätter und Blütenblätter der Pflanze sind am Rande schwarz punktiert. Dabei handelt es sich um kleine Öldrüsen, die den wertvollen Heilstoff Hypericin enthalten. Wenn wir die kleinen Blütenblätter zwischen den Fingern zerreiben, wird ein rotes Öl freigesetzt, weshalb die Pflanze im Volksmund auch Blutkraut oder Christi Wundenkraut genannt wird.

In der Heilkunde wird das ganze blühende Kraut verwendet.

BALDUR, DER NORDISCHE SONNENHELD

Als Symbol der lebensspendenden Sonne war das Kraut Baldur, dem Gott des Lichts und der Sonne, geweiht. Zur Sommersonnenwende, dem festlichen Höhepunkt des Jahres,

WIRKSTOFFE: Ätherisches Öl, Gerbstoffe, Hypericin, Flavonoide, Harz, Bitterstoffe, Pektine, Zucker, Glycosid.
MEDIZINISCHE VERWENDUNG: Wund- u. Schmerzbehandlung. Lungenleiden. Magen-Darm- und Gallebeschwerden, Gicht, Rheuma, Nervosität, Schwermut, Hysterie.
EIGENSCHAFTEN: Schmerzstillend, entzündungshemmend, heilend, galletreibend, verdauungsfördernd, beruhigend, wärmend, herzstärkend, tonisierend, kräftigend.

Hypericum perforatum

trugen die Mädchen beim ekstatischen Tanz ums Feuer Kränze aus blühendem Johanniskraut im Haar. Wer in der Mittsommernacht durchs Feuer sprang, überwand alles Leid, reinigte sich von jeglicher Krankheit.

SAMMELZEIT

Während der Blüte in den Monaten *Juni bis September* kann das ganze Johanniskraut gesammelt werden. Dabei schneiden wir die blühende Pflanze kurz über dem Boden ab und hängen sie gebündelt an einen luftigen und schattigen Ort.

HEILKRÄFTE

Für den Arzt Paracelsus (1493–1541) war das Johanniskraut ein Universalheilmittel. Als Wundheilmittel und als Nervenheilmittel genießt die Pflanze auch heute noch einen guten Ruf.

Innerlich als Tee oder Tinktur angewendet, ist sie hilfreich bei Lungenleiden, bei Magen-, Darm- und Gallenbeschwerden, bei Gicht und Rheuma. Als sogenanntes Sonnenkraut versorgt sie unseren Körper mit Licht- und Wärmekräften. Dabei ist Johanniskraut ein pflanzliches Antidepressivum ohne Nebenwirkungen, das auch in der Schulmedizin Anwendung findet.

In der Volksheilkunde ist das Johanniskraut von alters her ein Mittel bei Melancholie und Hysterie. Auch ist es wirksam bei geistiger Erschöpfung und dient zur Stärkung nach schweren Krankheiten. Nervenschmerzen, Rheuma, Hexenschuss und Muskelzerrungen werden durch Einreibungen mit dem roten Johannisöl gelindert. Außerdem fördert es die Heilung von Wunden, Brandwunden, Schürfungen und Geschwüren. Pfarrer Kneipp schwor auf das Johanniskraut. Er empfiehlt die Heilpflanze bei nervöser Unruhe, bei Reizbarkeit und Konzentrationsschwäche, zur Nervenstärkung und Steigerung der Lebenskraft. In der Kinderheilkunde wird Johanniskraut bei Konzentrationsstörungen, Sprachstörungen und Bettnässen verwendet.

In der Homöopathie

Zur Herstellung des Homöopathikums »Hypericum« nimmt man die ganze blühende Pflanze. Man gibt es zur Linderung von Schmerzzuständen, nach Gehirnerschütterung, bei Depressionen und bei Nervenschmerzen.

In Küche und Haus

JOHANNISKRAUT-TEE: 1 Teelöffel Johanniskraut mit einer Tasse kochendem Wasser übergießen und bei geschlossenem Gefäß 10 Minuten ziehen lassen. Über einen Zeitraum von zwei bis drei Monaten morgens und abends eine Tasse Tee frisch gebrüht trinken.

GESICHTSÖL FÜR DIE SCHÖNHEIT: Eine Handvoll Blüten mit süßem Mandelöl ansetzen. Die Mischung zwei bis drei Wochen an einen warmen Ort stellen. In eine dunkle Flasche füllen. Kühl aufbewahren.

Brunnenkresse

Bachbitterkraut, Bitterkresse, Bittersalat, Wasserkresse, Wassersenf, Quellrautenkraut

Wild wächst die Brunnenkresse in klarem, frischem Quellwasser, in sauberen, fließenden Bachläufen, in Seen und Teichen. Und immer ist sie ein Zeichen für reines Wasser. Der deutsche Name »Kresse« stammt aus dem althochdeutschen Wort *cresso* = scharf und mittelhochdeutsch *brunne* = Quelle, Quellwasser.

Der botanische Name Nasturtium ist abgeleitet von lateinisch *nasus tortus* und scheint sich auf den scharfen Geruch der Pflanze zu beziehen. Als ein typischer Vertreter der Kreuzblütler enthält sie Senföle, die ihr einen scharfen Geruch und Geschmack verleihen und das Immunsystem stärken. Als Heil- und Nahrungsmittel verfügt sie über besondere, die Lebenskraft anregende Wirkungen. Sie wächst in ganz Europa. Die Brunnenkresse ist eine ausdauernde, im Wasser wachsende Pflanze, die an der Oberfläche ganze Teppiche bildet. Sie blüht in den Monaten Mai bis September mit kleinen weißen Blüten und hat immergrüne kahle, eingeschnittene Blätter, die das ganze Jahr über gesammelt werden können.

In der Volksmedizin werden die jungen Triebe und Blätter verwendet.

WIRKSTOFFE: Vitamine, Mineralstoffe, Spurenelemente, Ballaststoffe, Gerbstoffe.
MEDIZINISCHE VERWENDUNG: Zur Entschlackung und bei Stoffwechselstörungen.
EIGENSCHAFTEN: Appetitanregend, antikarzinogen, blutreinigend, desinfizierend, stoffwechselfördernd.

Nasturtium officinale

Bei den Druiden

Als Heil- und Nahrungsmittel war sie für die Druiden ein heiliges Kraut. Und aus Brunnenkresse mit Mistel, Eisenkraut und Mädesüß bereiteten sie einen Auszug, der für rituelle Reinigungen verwendet wurde.

Sammelzeit

Sie blüht von *Ende April bis September*. Die jungen, immergrünen Blätter und Triebe der Pflanze können *ganzjährig* gesammelt werden. Da ihre Wirkstoffe durch die Trocknung verlieren, können sie nur frisch verwendet werden.

Heilkräfte

»Lasst Eure Heilmittel Nahrungsmittel, eure Nahrungsmittel Heilmittel sein«, sagte der große Arzt Hippokrates (ca. 460 – ca. 370 v. Chr.). Das wusste auch schon der Urmensch, der die Kräfte der Kräuter intuitiv und empirisch erfasste.

Mit den reichen Inhaltsstoffen an Mineral-, Vitamin- und Ballaststoffen ist die Pflanze so recht geeignet für eine Frühjahrskur. Sie befeuert den im Winter träge gewordenen Stoffwechsel und löst die chronisch gewordenen Erkältungskrankheiten des Winters. Sie wirkt aufbauend und stärkend.

Neben ihren kulinarischen Qualitäten ist die Brunnenkresse ein Vielheiler. Sie wird angewendet bei Husten und Bronchitis, Erkältung, Halsentzündung, bei Zahnfleischentzündung, Gallenbeschwerden, zur Senkung des Blutzuckers, bei leichter Diabetes, Blasenentzündung, Blasenstein und Nierenbeckenentzündung, bei Rheuma und Gicht, bei Epilepsie. Als Umschlag wird sie bei leichten Brandwunden, Ekzemen und Juckreiz genutzt. Schließlich verfügt die Pflanze auch über eine beachtliche Dosis an Vitamin C, dem natürlichen Antibiotikum. Ihre vielfältigen Einsatzmöglichkeiten machen sie zu einem Rundum-Heilkraut.

IN DER HOMÖOPATHIE

In der Homöopathie stellt man aus dem frischen, blühenden Kraut eine Essenz her, die als Fiebermittel angewendet wird.

IN KÜCHE UND HAUS

Auf das Butterbrot, unter Quark gemischt oder in einen Frühjahrssalat gemengt, schmeckt die Brunnenkresse köstlich.

Frankfurter Grüne Soße

Zutaten

300 g Kräuter zu gleichen Teilen
(z. B. Löwenzahn, Brennnessel, Brunnenkresse,
Sauerampfer, Bibernelle, Schafgarbe, Spitzwegerich,
Borretsch und Knoblauchrauke)
2 hart gekochte Eier | 2 EL Zitronensaft | 1 EL scharfer Senf
2 EL Sonnenblumenöl | 300 g Sauerrahm | 1 Prise Meersalz
1 Prise weißer Pfeffer | 1 Prise Zucker

Zubereitung

Die Kräuter waschen, trocken schütteln, von den Stielen zupfen und sehr fein hacken. Die Eier pellen und fein hacken. Die restlichen Zutaten, die gehackten Kräuter und die Eier in eine Schüssel geben und verrühren. Schmeckt gut zu Pellkartoffeln.

Borretsch

Gurkenkraut, Liebäugelein, Blauhimmelstern, Herzblümchen, Augenzier, Wohlgemut

Der Borretsch ist ursprünglich im Mittelmeerraum beheimatet und kommt dort vor allem auf Brachflächen vor. Seit dem späten Mittelalter wird er in Mitteleuropa kultiviert. Borretsch ist ein Heil- und Nahrungsmittel par excellence. Das Kraut wächst auf Wiesen und in Gärten. Es gehört zur Familie der Raublattgewächse (Boraginaceae) und wird als Gewürz- und Heilpflanze verwendet. Der wissenschaftliche Name »Borago« wird häufig auf das keltische Wort *borrach* = Mut zurückgeführt. Der im Volksmund gelegentlich verwendete Name Gurkenkraut geht auf den charakteristischen Gurkengeschmack der Pflanze zurück.

Die Blütezeit reicht von Mai bis September. Der Borretsch stellt an den Boden keine besonderen Ansprüche. Als Gartenflüchtling finden wir ihn in der Nähe der Menschen, am Straßenrand und auf Ödland. Wild wächst er auf unseren Wiesen. Im 16. Jahrhundert wurde er häufig in Bauerngärten angepflanzt. Heute finden wir ihn noch in Kräutergärten. Der Borretsch ist eine einjährige krautige Pflanze. Sie erreicht Wuchshöhen von bis zu 70 Zentimetern. Die dunkelgrünen Laubblätter sind fleischig und mit Borstenhaaren versehen. Sie haben eine Länge von 10 bis 15 Zentimetern. Die sternartig geöffneten blauen Blüten, im Volksmund Blauhimmelstern genannt, sind reich an

WIRKSTOFFE: Gerbstoffe, Kieselsäure, Schleimstoffe, Flavonoide.
MEDIZINISCHE VERWENDUNG: Husten, Bronchitis, Hals- und Rachenentzündungen.
EIGENSCHAFTEN: Harntreibend, entzündungshemmend, wundheilungsfördernd.

Borago officinalis

Nektar. Für Imker zählt der Borretsch zu den Bienenweiden. In der Volksheilkunde werden Blätter und Blüten verwendet.

SAMMELZEIT

Blätter und Blüten werden während der Blütezeit in den Monaten *Mai bis September* geerntet. Wir pflücken den oberirdischen Teil, dann breiten wir Blätter und Blüten getrennt auf einem Rost im Schatten zum Trocknen aus.

EIN GÖTTLICHES KRAUT

Unter dem Namen »Manus Christi« galten Zucker-Verreibungen mit Destillaten aus Borretschblüten im Mittelalter als Mittel gegen Schwächezustände, bei Krankheiten des Herzens und gegen »Unsinnigkeit durch die Dämpfe der Melancholie«. In der frühen Neuzeit schworen Adlige und wohlhabende Bürger auf die Zugabe von klein gestoßenen Perlen sowie geriebenem Gold.

HEILKRÄFTE

Die Volksheilkunde kennt den Borretsch als Heilpflanze gegen Bronchitis, Husten- und Rachenentzündungen, Herzschwäche und rheumatische Beschwerden sowie Verstimmungszustände und Verstopfungen. Sein Saft, gemischt mit dem von Brunnenkresse und Löwenzahn, soll ein hervorragendes Blutreinigungsmittel sein, das sich auch günstig auf die Haut auswirkt. Auch die in den Borstenhaaren enthaltene Kieselsäure wirkt sich positiv auf Haut und Haare aus.

Vom Mittelalter bis zum Beginn des 19. Jahrhunderts galten Zubereitungen aus Borretsch, insbesondere der Blüten, als wirksame Mittel zur Reinigung des Blutes, bei Lebensmittel-

> **!** Vorsicht! Man sollte Borretschblätter nicht länger als
> 6 Wochen verwenden.

vergiftung und bei »überschüssiger melancolia«. Die dazugehörigen Krankheitsbilder waren Herzschwäche, Herzrasen, Ohnmacht, Traurigkeit, Manie, Fieber.

Borretsch symbolisiert Fröhlichkeit und Lauterkeit im Denken. Plinius der Ältere (23 o. 24–79 n. Chr.) nennt das Kraut »Euphrosinum«, weil es den Menschen fröhlich macht. »Ich, Borretsch, bringe immer Freude«, so heißt es bei ihm.

HOMÖOPATHIE

In der Homöopathie setzt man den Borretsch bei nervöser Herzschwäche ein.

IN KÜCHE UND HAUS

Der Borretsch hat einen gurkenähnlichen, würzigen und erfrischenden Geschmack. Er eignet sich besonders als Würzkraut für Kopfsalat, Gurkensalat, Kohlgemüse, Suppen, Pilze und Kräutersoßen.

Borretschsuppe

DAS REZEPT

Zutaten

500 g Borretsch-
   blätter
1 Knoblauchzehe
1 kleine Zwiebel
1 EL Olivenöl
650 ml Gemüse-
   brühe
2 EL Sahne
Salz und Pfeffer

Zubereitung

Die Borretschblätter fein hacken. Knoblauch und Zwiebel fein würfeln. Alles in dem Olivenöl anschwitzen. Mit Gemüsebrühe ablöschen und 5 Minuten köcheln lassen. Mit einem Pürierstab fein pürieren, Sahne zugießen und mit Salz und Pfeffer abschmecken.

Kamille

Feldkamille, Kummerblume, Mägdeblume, Apfelblümlein

Wohl kaum eine Pflanze ist so beliebt wie die Kamille. Als sanftes Allheilmittel ist sie uns ein treuer Begleiter in gesunden und in kranken Tagen. Sie gehört zur Familie der Korbblütler. Wir finden sie im Spätfrühling an sonnigen, meist trockenen Plätzen, dort fühlt sie sich am wohlsten. Sie wächst an Wegrändern und Feldrainen, auf Äckern und Schutthaufen und wird ca. 30 Zentimeter hoch. Ihre Blütezeit ist von Mai bis August. Ihre Köpfchen sind leuchtend gelb, umrahmt von einem Kranz weißer Blütenblätter. Die Kamille verströmt einen herb-aromatischen, apfelähnlichen Duft, weshalb die Griechen sie *chamaimelon*, von *chamai* = auf dem Boden und *melon* = Apfel, nannten. Allein der Duft der Kamille besänftigt und fördert die Ruhe von Körper und Geist. Ein Aufguss aus Blüten, äußerlich und innerlich angewendet, lindert viele Leiden.

Doch nicht nur beim Menschen entfaltet die Kamille ihre Heilkraft. So ist erwiesen, dass die Gegenwart der Kamille sich heilend und stärkend auf die in ihrer Nähe wachsenden Pflanzen auswirkt. Schon aus diesem Grunde sollte sie in keinem Garten fehlen. Als Duftkraut wurde die Kamille einst auf die Böden von Stuben und Kammern gestreut, denn sie verströmt, wenn man auf sie tritt, einen ganz besonderen Wohlgeruch.

In der Heilkunde werden die Blütenköpfchen verwendet.

WIRKSTOFFE: Ätherisches Öl, Bitterstoffe, Valeriansäure, Flavonoide, Gerbstoffe.
MEDIZINISCHE ANWENDUNG: Bei nervösen Störungen.
EIGENSCHAFTEN: Entzündungswidrig, krampflösend, beruhigend.

Matricaria chamomilla

MAGISCHE KRÄFTE

Die Kamille war eines der neun heiligen Kräuter der Angelsachsen, die sie »maythen« nannten (Englisch: maiden). Jungfrauen galten als mit besonderen magischen Kräften begabt. Ihre medialen, telepathischen und hellseherischen Kräfte waren berühmt. Oft bedienten sich die älteren Priesterinnen ihrer, um in Kristallkugeln oder Wasser die Zukunft zu schauen.

Vor den Riten badeten die Mädchen in Quellwasser, in denen Kamillenblüten schwammen.

SAMMELZEIT

Für Heilzwecke werden die Blütenköpfchen genommen. Wir ernten sie in den Monaten *Mai bis August* an einem sonnigen und trockenen Tag. Sie müssen sauber sein, da sie nicht gewaschen werden dürfen. Wir breiten sie großflächig auf einem Rost mit saugfähigem Papier aus und stellen sie an einen schattigen Ort zum Trocknen.

> **!** Bei richtiger Dosierung ist die Kamille ungiftig. Vor Dauergebrauch muss aber gewarnt werden.

HEILKRÄFTE

Neben Schafgarbe und Lindenblüte ist die Kamille wohl das gebräuchlichste Mittel in der Volksheilkunde. Sie ist ein Kinderheilmittel par excellence und hat sich bei unruhigen Kindern glänzend bewährt. Die Kamille wirkt entzündungshemmend, antibiotisch, krampflösend, verdauungsfördernd, schweißtreibend und fiebersenkend sowie magenstärkend und beruhigend. Hippokrates, einer der bedeutendsten Ärzte der Antike (ca. 460 – ca. 370 v. Chr.), lobte ihre Heilkraft in seinen Schriften. Ihr Öl hilft bei Schmerzen von Rheuma und Gicht. Salbe und Öl wirken antiseptisch bei Hautleiden und Ekzemen. Bei Katarrh und Erkältung hilft das Inhalieren mit einem Kräuteraufguss. Und der Duft der Kräuter fördert in der Aromatherapie die Ruhe von Körper und Geist.

IN DER HOMÖOPATHIE

»Chamomilla« ist ein Heilmittel für das Nervensystem. Es wird angewendet bei nervöser Überempfindlichkeit und bei unruhigen Kindern.

IN KÜCHE UND HAUS

DAMPF-INHALATION: Wir gießen in eine Keramikschüssel mit heißem Wasser ätherisches Öl oder wahlweise einen konzentrierten Absud, bedecken den Kopf und die Schüssel mit einem Handtuch und atmen den aufsteigenden Dampf so lange wie möglich ein. Gut bei Asthmaanfällen und Heuschnupfen.

KAMILLENTEE: Man übergießt 7 bis 10 Blüten mit einer Tasse heißem Wasser und lässt sie 10 Minuten ziehen. Der Tee sollte immer in einem bedeckten Gefäß bereitet werden, um zu verhindern, dass der Dampf entweicht, da die Wirksamkeit der Blüten sich sonst verflüchtigt.

Ruprechtskraut
oder Storchschnabel

Stinkender Storchschnabel, Gottesgnadenkraut, Gottesgab, Orvale, Gichtkraut, Kopfwehkraut

Das Ruprechtskraut gehört zur Familie der Storchschnabelgewächse (Geraniaceae). Zu seiner botanischen Familie gehören die häufig auf Balkonen angepflanzten Geranien. Beim Storchschnabel oder Ruprechtskraut haben wir es mit einem seit Jahrhunderten geschätzten Vielheiler zu tun. Wegen seiner Heilkräfte wird er in den Kräuterbüchern des 16. und 17. Jahrhunderts Gottesgnadenkraut genannt, während der Beiname »Orvale« aus dem Altfranzösischen in der Bedeutung »das Gold wert« kommt.

Das Ruprechtskraut wächst in fast allen Gebieten Europas, in Asien und Nordamerika bis in Höhenlagen von etwa 1600 Metern. Wildkräuter suchen sich ihren Standort selbst. Diese Heilpflanze bevorzugt schattige Lagen mit stickstoffreichem Untergrund. Sie wächst sehr häufig an altem Gemäuer, an Zäunen, an Waldrändern und in Mischwäldern. Sie folgt uns bis in die Städte hinein, wo sie oftmals in kleinen Mauerritzen zu finden ist. Die einjährige, 20 bis 50 Zentimeter hohe Pflanze hat teilweise rötliche Stängel. Blätter und Stängel sind weich behaart. Die kleinen Blüten sind rosafarben bis violett. Den deutschen Namen hat der Storchschnabel von seinem Fruchtknoten, der

WIRKSTOFFE: Bitterstoffe, Gerbstoffe, ätherisches Öl.
MEDIZINISCHE VERWENDUNG: Seelische Traumata, Blutungen, Durchfälle.
EIGENSCHAFTEN: Adstringierend, entzündungshemmend, stärkend.

Geranium robertianum

zur Reife schnabelartig wächst. Allerdings hat er einen höchst unangenehmen Geruch, weshalb man ihn im Volksmund auch Stinkender Storchschnabel nennt.

In der Naturheilkunde wird das Kraut innerlich und äußerlich frisch oder getrocknet verwendet.

SAMMELZEIT

Die Heilpflanze kann von *April bis September* geerntet werden. Sie wird kurz über dem Boden abgeschnitten. Zum Trocknen bündelt man sie und hängt sie kopfüber an einen luftigen, schattigen Ort.

HEILKRÄFTE

Als ein Allheilmittel wird das Ruprechtskraut in den verschiedensten Bereichen innerlich und äußerlich angewendet. Für die äußerliche Anwendung kann man einen starken Tee als Kompresse oder Umschlag verwenden oder den frisch gepressten Saft, mit dem man die zu behandelnden Stellen beträufelt. Hilfreich ist die Pflanze bei Wunden und Geschwüren, Fisteln, Ekzemen und bei offenen Beinen. Als Badezusatz wird der Storchschnabel bei Hautausschlägen, Flechten und Herpes angewandt.

Kräuterpfarrer Künzle (1857–1945) schreibt über den Storchschnabel: »Es ist eine Pflanze, die zieht, sei es, daß sie radioaktiv! oder sonst vom Schöpfer mit Zugkraft ausgestattet ist. Tatsache ist, daß böse Augenentzündungen, Halsweh, Zahngeschwulste, furchtbare Nervenentzündungen in den Wangen, Füßen, unerträgliche Schmerzen in Magen, Nieren, Aufschwellen der Glieder usw. durch Auflegen von grünem und zerquetschtem Storchenschnabel rasch schwinden bei Mensch und Vieh.«

Wegen der enthaltenen Phytoöstrogene wird er auch gegen Zeugungsunfähigkeit und Unfruchtbarkeit empfohlen. Hildegard von Bingen (1098–1179) nennt das Kraut als ein Mittel für Frauen bei Kinderlosigkeit. Im Volksmund spricht man daher auch vom »Kindsmacher«. Auch verfügt er über stimmungsaufhellende Eigenschaften. Er ist wirksam bei psychischen Schockzuständen, Traumen, Schrecken, Melancholie und Traurigkeit. Hildegard von Bingen schreibt in ihrer »Physika« von der pulverisierten Pflanze als einem »herzerfreuenden Pulver«.

In der Homöopathie

In der Homöopathie werden die frischen blühenden Teile genutzt. Die homöopathische Ur-Tinktur »Geranium robertianum« wird als Adstringens (zusammenziehend, blutstillend) und bei chronischen Entzündungen verabreicht.

In Küche und Haus

Ruprechtskraut wird gerne als Bestandteil von Wildkräutersalaten genossen.

RUPRECHTSKRAUT-TEE: Zur Bereitung des Tees übergießt man zwei Teelöffel des getrockneten Krautes mit einem Viertelliter kochendem Wasser und lässt es 15 Minuten ziehen. Davon trinkt man zweimal täglich eine Tasse.

Erdrauch

Ackerrautenkraut, Blausporn, Grindkraut, Rauchkraut, Beckemädle, Butterbrötla

Der Erdrauch ist ein Mohngewächs (Papaveraceae). Seinen deutschen Namen verdankt er der Tatsache, dass er mit seinen zarten, blaugrünen Blättern und dem bläulichen Stängel aus der Ferne eine rauchähnliche Aura hat. Er liebt die Gesellschaft und wächst bevorzugt in Kolonien.

Auch der wissenschaftliche Name Fumaria geht auf das lateinische Wort *fumus* = Rauch zurück. Die einjährige, bis zu 30 Zentimeter hohe, mehrstängelige Pflanze mit doppelt gefiederten zarten Blütenblättern und purpurroten Blüten wächst an nährstoffreichen, sonnigen Standorten, an Böschungen, auf Brachland und auf Feldern. Sie kommt in allen gemäßigten Zonen der Erde vor. Erdrauch war schon im Altertum als wirksames Heilkraut bekannt. Auch die Kräuterbücher des Mittelalters befassen sich ausführlich mit der Pflanze. Wobei sie sowohl für innerliche als auch für äußerliche Beschwerden empfohlen wird. Äußerlich wird Erdrauch-Tee beispielsweise gerne in Form von Umschlägen, Bädern oder Waschungen angewendet. Innerlich hilft er etwa bei Verstopfung.

In der Heilkunde wird das ganze blühende Kraut (ohne Wurzel) verwendet.

WIRKSTOFFE: Alkaloide, Flavonoide, Gerbsäure, Bitterstoffe.
MEDIZINISCHE VERWENDUNG: Gallenwegserkrankungen, Blutreinigungskuren.
EIGENSCHAFTEN: Appetitanregend, verdauungsfördernd, blutreinigend, krampflösend, stärkend.

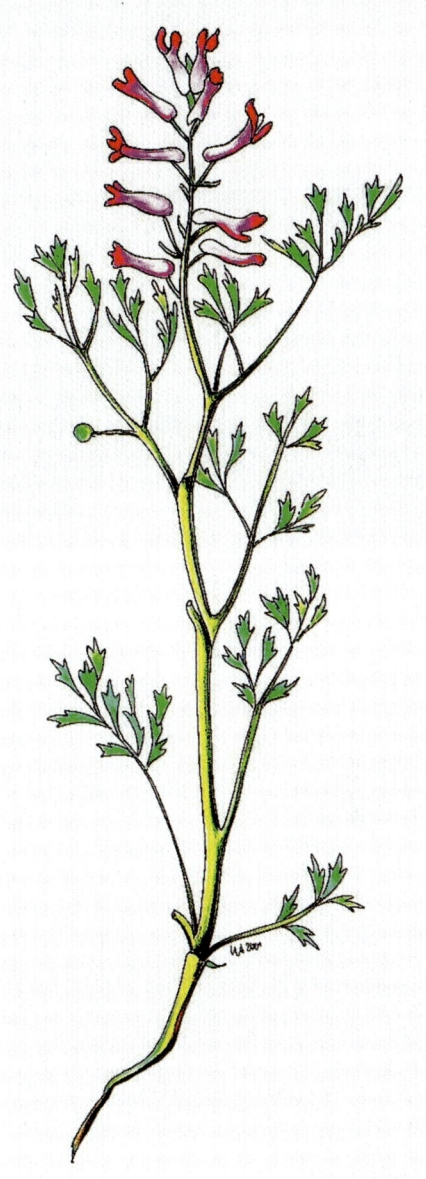

Fumaria officinalis

SAMMELZEIT

Zur Zeit der Blüte, von *Mai bis September*, wird das ganze
Kraut gesammelt. Es wird zu kleinen Sträußen gebündelt und
im Schatten zum Trocknen aufgehängt.

MAGIE

Bei den keltischen Druiden war Erdrauch als ein Räuchermittel
hoch geschätzt. Im Mittelalter nutzte man ihn als Räucher-
stoff bei exorzistischen Ritualen, um Dämonen auszutreiben.
Räucherungen für Schutz und Reinigung wurden in fast allen
Reinigungszeremonien mit dem Erdrauch durchgeführt.

HEILKRÄFTE

Die keltischen Druiden, bei denen der Erdrauch ein hohes Ansehen genoss, nutzten das Kraut zur Behandlung von Depressionen, Migräne und Verstopfung. Dazu wurde das Kraut als
Tee von den Druiden verabreicht. In den arabischen Ländern
wird die Pflanze schon seit Jahrhunderten als Blutreinigungsmittel eingesetzt.

Die Wirkung des Mohngewächses Erdrauch und sein positiver Einfluss auf das Immunsystem wurden erst vor wenigen Jahren von der Schulmedizin aufgegriffen. Auch zeigen neuere Untersuchungen gute Erfolge bei Schuppenflechte. Mit seinen Inhaltsstoffen, den Alkaloiden – das wichtigste davon ist Fumarin oder Protopin –, den Bitterstoffen, Harzen, Cholin, Flavonoiden und Schleimstoffen ist es ein Heilkraut für Gallenwegserkrankungen. Erdrauch reguliert den Gallenfluss und wird bei Gicht, Magen-Darm-Krämpfen und zur Blutreinigung verwendet. Er macht Speisen bekömmlicher und wirkt bei Übelkeit, Brechreiz und Kopfschmerzen. Früher wurde die Pflanze zur Appetitanregung und Stärkung bleichgesichtiger Mädchen empfohlen.

Im Mittelalter fand der Erdrauch durch die medizinische Schule von Salerno seinen Weg als Heilpflanze in die damalige Klosterheilkunde, wo er besonders bei Hautkrankheiten und gegen Verstopfung angewendet wurde. Ebenfalls diente er damals als Mittel zur Stärkung. Der berühmte Arzt und Botaniker Matthiolus (1501–1577) schreibt in seinem Kräuterbuch über den Erdrauch: »Erdrauch in Wasser gesotten / und getruncken / treibt die Gallen durch den Harn auß / öffnet die verstopffung der Leber / und des Miltzen / heilet die Geelsucht. Benimpt die Reude und allerley Verunreinigkeit der Haut.«

In der Homöopathie

Als Homöopathikum wird der Erdrauch bei chronisch juckenden Ekzemen und bei Leberstörung verschrieben.

In Küche und Haus

Mit seinem leicht bitteren Geschmack ist der Erdrauch eine ideale Ergänzung bei der Bereitung von Kräutersalaten.

TEEZUBEREITUNG: Einen Teelöffel Erdrauch mit einem Viertelliter Wasser übergießen, zum Sieden erhitzen, zehn Minuten ziehen lassen, absiehen. Bei Bedarf bis zu drei Tassen Tee pro Tag trinken.

Seifenkraut

Seifenwurz, Hustenwurzel, Waschkraut, Schlüsselkraut, Hundsnelke

D as Seifenkraut wächst in Oberschwaben und am Bodensee, auf feuchten Böden, an Hecken, an den Ufern von Bächen, Flüssen und Seen, aber auch an Eisenbahndämmen und Schuttplätzen. Die Pflanze liebt lockeren, feuchten, nährstoffreichen Untergrund. Sie ist von Mittel- bis Südeuropa und bis in Höhenlagen von etwa 1600 Metern heimisch. Seifenkraut ist ein uraltes Wasch- und Heilmittel. Die ausdauernde Pflanze gehört zur Familie der Nelkengewächse (Caryophyllaceae). Schon seit dem Altertum ist sie als Heilpflanze bekannt. Die arabischen Ärzte des Mittelalters verschrieben sie gegen Lepra und bei verschiedenen Hautkrankheiten. Wie schon der deutsche Name sagt, benutzte man die Pflanze auch zum Wäschewaschen. Dazu können Blätter und Wurzeln verwendet werden, die nicht nur umfassende Heilkräfte enthalten, sondern auch reinigende Mittel sind.

Die Pflanze hat einen rötlichen, kantig gegliederten und wenig verzweigten Stängel und wird 30 bis 80 Zentimeter hoch. Sie hat ein unterirdisches Rhizom. Die Blätter sind länglich. Die blassrosa Blüten werden etwa 2,5 Zentimeter groß, haben 5 Blütenblätter und stehen in rispenartigen Blütenständen. Das Seifenkraut blüht von Juni bis September und wird von Nachtfaltern bestäubt. Im Herbst sind die schwarzen Samen in den

WIRKSTOFFE: Saponine, Flavonglykosid.
MEDIZINISCHE VERWENDUNG: Zur Anregung des Stoffwechsels, zur innerlichen Reinigung.
EIGENSCHAFTEN: Schleimlösend, blutreinigend, gallensekretionsfördernd, tonisch.

Saponaria officinalis

Kapseln reif. Als Sommerblüher gehört es zu unseren wert-
vollsten Heil-, Duft- und Würzkräutern.

Die Blätter und Wurzeln werden zur Reinigung und in der Heilkunde innerlich und äußerlich verwendet.

SAMMELZEIT

In den Monaten *März und April* sowie *September und Oktober*
kann die Wurzel ausgegraben werden. Die Wurzeln werden
sauber gewaschen, in kleine Stücke geschnitten und in Lagen
getrocknet. Die ganze oberirdische Pflanze sammelt man
im Sommer. Man bündelt sie und hängt sie im Schatten zum
Trocknen auf.

HISTORISCHES

Dioskurides (um 50 n. Chr.) schrieb über das Struthion (lat.
Name), dass es zum Reinigen der Wolle verwendet werde. Die
Wurzel wirke harntreibend. Mit Honig wirke das Kraut gegen
Leberleiden und Husten. Mit Riesenfenchel und Kapernwurzel
helfe es gegen Blasensteine.

HEILKRÄFTE

Der Arzt und Botaniker Hieronymus Bock (1498–1554) schreibt, dass Seifenkraut gut für Leber und Milz sei, bei Menstruationsbeschwerden, gegen Husten und als harntreibendes Mittel angewendet werden könne. Der Arzt Adamus Lonicerus (1528–1586) rühmt das Kraut bei Atemnot, Verschleimung und Husten.

Saponindrogen wie das Seifenkraut wirken als schleimlösende Mittel bei festsitzendem Husten: Durch leichte Reizwirkung auf die Magenschleimhaut wird eine Vermehrung der Sekretion aller Drüsen verursacht, was sich in den Bronchien günstig bemerkbar macht. Sie besitzen auch eine wassertreibende Wirkung und werden deshalb gerne bei Frühjahrskuren genommen. Auch wirken sie bei Hautunreinheiten und gegen rheumatische Beschwerden.

In der Volksmedizin ist die Droge (Wurzel und Kraut) in erster Linie ein Hustenmittel. Dann folgen die chronischen Hautleiden, die innerlich und äußerlich mit Seifenkraut-Tee behandelt werden. Und schließlich gilt Seifenkraut als eines der wirksamsten Blutreinigungsmittel. Ebenso nutzt die Volksheilkunde die Teezubereitung (3 Esslöffel pro Tasse) äußerlich gegen Psoriasis, Furunkel und Ekzeme. Als Tee wird 1 Esslöffel gemahlene Wurzel pro Tasse bei Husten und Asthma genommen.

IN DER HOMÖOPATHIE

Das Homöopathikum »Saponaria officinalis«, hergestellt aus der getrockneten Wurzel, wird bei Erkältungen, linksseitigen Kopfschmerzen, bei Neuralgie und vereinzelt auch bei erhöhtem Augeninnendruck und Müdigkeitsgefühl im Nacken verabreicht.

IN KÜCHE UND HAUS

Eine sogenannte Seifenkraut-Räucherung wird manchmal für Reinigungsrituale und zur Klärung der Luft vorgenommen. In Räumen, in denen gestritten und viel über Probleme gesprochen wird, soll eine Räucherung mit Seifenkraut helfen.

Wegwarte

Hindlauf, Verfluchte Jungfer, Sonnenwirbel, Wegeleuchte, Zigeunerblume, Wegkraut, Zichorie

Als kraftvolles Heil- und Zaubermittel hat die Wegwarte eine mehrtausendjährige Tradition. Bereits 4000 Jahre vor unserer Zeitrechnung wird die Pflanze in ägyptischen Papyri erwähnt. Dort wird ihr die Macht zugeschrieben, böse Geister zu vertreiben.

Der deutsche Name Wegwarte weist auf den Standort der Pflanze hin, denn sie wächst mit Vorliebe an sonnigen Weg- und Feldrändern. Die Wegwarte gehört zur Familie der Korbblütler. Sie wird bis zu 120 Zentimeter hoch und ist in Europa heimisch. Von der Sommersonnenwende an blüht sie mit ihren zarten hellblauen Blüten unentwegt bis zur Herbst-Tag-undnachtgleiche, wenn die Kraft der Sonne wieder schwindet. Die Blüten sind stets der Sonne zugewandt. Und wegen dieser Treue zur Sonne nannte der Gelehrte Albertus Magnus (1200–1280) die Pflanze *sponsa solis* = Sonnenbraut.

Die dicken, fleischigen Wurzeln der Wegwarte dienen zur Herstellung des schon seit dem Jahre 1600 bekannten Zichorienkaffees – auch Muckefuck genannt. Als gesunden Kaffee-Ersatz bekommt man ihn heute im Reformhaus. In der Heilkunde werden Wurzeln und Blätter gebraucht.

WIRKSTOFFE: Enthält den Bitterstoff Intybin, Inulin, Stärke, Mineralsalze, Vitamine, Gerbstoffe.
MEDIZINISCHE VERWENDUNG: Bei Magen- und Leberbeschwerden, bei Hysterie.
EIGENSCHAFTEN: Appetitanregend, stärkend, verdauungsfördernd, galle- und harntreibend, stärkt Immunsystem.

Cichorium intybus

Symbol für Liebe und Treue

Die Legende berichtet, dass die Wegwarte einst eine verzauberte Jungfrau war, die am Wegesrand vergeblich auf ihren Liebsten wartete, der niemals wiederkam. Und die schließlich durch die Gnade der Götter in ein Feldblümlein verwandelt wurde. So gilt die Wegwarte als ein Symbol für Liebe und Treue.

Sammelzeit

In den Monaten *Juli und August* sammeln wir die ganze blühende Pflanze. Wir bündeln sie und hängen sie an einen schattigen Ort. Die Wurzeln werden im *Oktober* ausgegraben, gereinigt, halbiert und im Schatten getrocknet.

Heilkräfte

Die Wegwarte ist eine Bitterstoffdroge. Ihre Bitterstoffe fördern die Gesundheit von Leber, Galle und Milz. Sie ist eine der wenigen Pflanzen, die einen positiven Einfluss auf die Milz haben. Die Ärzte des Mittelalters sahen in der Milz den Sitz der schwarzen Galle, die sie »melancholé« nannten. Auch heute noch wird die Wegwarte als Mittel gegen Melancholie und Hysterie eingesetzt.

! Bei Korbblütler-Allergie sollte die Pflanze während der Schwangerschaft nicht genommen werden.

Die Wegwarte wirkt appetitanregend und kräftigend. Pfarrer Kneipp hat die Wegwarte als ein den Stoffwechsel anregendes Mittel gelobt. Und der Schweizer Kräuterpfarrer Künzle (1857–1945) schreibt: »Sie ist heilkräftig in allen Teilen. Sie reinigt Magen, Leber und Nieren, treibt den Urin, ist sehr gut bei Fiebern, vertreibt überflüssige Galle, heilt die Gelbsucht.« Neuere Untersuchungen haben ergeben, dass die Wegwarte Leberzellen regenerieren kann. Auch in der Bach-Blütentherapie wird sie mit Erfolg angewendet.

Äußerlich wird die Wegwarte bei Hautkrankheiten und Ekzemen gebraucht. Die zerquetschten Blätter kann man als Umschlag bei Entzündungen verwenden.

Der Mediziner Dr. Edward Bach (1886–1936) befasst sich in der nach ihm benannten Bach-Blütentherapie mit den geistig-seelischen Aspekten der Blüten. Es heißt bei ihm, die Wegwarte lasse die »allumfassende Liebe« in uns entstehen.

In der Homöopathie

Bei chronischen Lebererkrankungen verwendet man die aus der Wurzel bereitete Urtinktur.

In Küche und Haus

In der Heilkunde werden die Kräuter meist als Tee aus frischen oder getrockneten Blättern und Wurzeln zubereitet oder äußerlich als Umschlag aufgelegt.

TEEZUBEREITUNG: Ein Teelöffel Wurzel oder Kraut – auch als Mischung – wird mit kaltem Wasser übergossen, zum Sieden gebracht und etwa zwei bis drei Minuten gekocht und dann abgeseiht. Eine halbe Stunde vor dem Essen trinkt man eine Tasse Tee.

Holunder

Elderbaum, Holder, Holler, Schwarzer Holunder, Schwarzholder, Schwitztee

Angelehnt an altes Mauerwerk, an Hütten und Scheunen wächst er in ländlichen Gegenden. Als Busch oder kleiner Baum bevorzugt der Holunder schattige und feuchte Orte. Auch in Wildhecken finden wir ihn, inmitten von Brombeerranken, Hagebutten und Weißdorn. Als ein heiliger Baum der Germanen war er den Göttern geweiht. Und man pflanzte ihn daher als Schutzbaum in die Nähe menschlicher Behausungen. Der Holunder ist nach der Licht- und Fruchtbarkeitsgöttin Holle oder Holda benannt, denn der althochdeutsche Name »Holuntar« bedeutet Baum der Frau Holle. Eine heiße, gesüßte Holunderbeerensuppe diente den Germanen einst als Kultspeise, die auf die kalte Jahreszeit vorbereiten sollte.

Der Holunder gehört zur Familie der Geißblattgewächse. Im späten Frühling blüht er mit cremeweißen, schirmähnlichen Bü-

WIRKSTOFFE: Ätherische Öle, Gerbstoffe, organische Säuren, das Blausäure-Glycosid Sambunigrin, Schleimstoffe (Blüten). Flavonoide, ätherische Öle, Vitamine und Zucker, Fruchtsäuren, Blausäure-Glycosid Sambunigrin (Beeren).
MEDIZINISCHE VERWENDUNG: Rheuma, Gicht, fiebrige Erkältungen, Mandelentzündung, chronische Halsschmerzen, Stirn- und Nebenhöhlenprobleme, Katarrhe, Harnverhalten.
EIGENSCHAFTEN: Schweiß- und harntreibend, entschlackend, schwach abführend, blutreinigend, stärkend (Blüten). Kräftigend, nervenstärkend, immunstimulierend, fiebersenkend, harn- und schweißtreibend (Beeren).

Sambucus nigra

scheln winziger Blüten und erfüllt an lauen Abenden die Luft
mit seinem betörenden Duft. Die reifen, glänzend schwarzen
Beeren können im Frühherbst geerntet werden. In der Volksheilkunde werden Blüten und Früchte verwendet.

DIE HOLLERMUTTER

Die Fruchtbarkeitsgöttin Holda lebte als schützender Haus-
geist im Hollerbusch. Zur Winterzeit, so glaubten die Germanen, zog die Göttin über die Erde, um mit den todbringenden
Kräften Eis und Schnee zu ringen und der Erde neue Fruchtbarkeit, neues Leben zu schenken.

SAMMELZEIT

Die Blütendolden pflückt man mit der Hand oder schneidet
sie vorsichtig mit der Schere ab. Sie können im *Mai und Juni*
geerntet werden. Sie werden zum Trocknen im Schatten auf
einem Musselintuch ausgebreitet. Die Beeren folgen im *September*, wenn sie ihre volle Reife erreicht haben. Für Suppe
oder Mus werden sie mit einer Gabel vom Büschel abgestreift.

! Die Beeren grundsätzlich nicht roh verzehren! Ungekocht sind sie ungenießbar und können Magen-Darm-Beschwerden und Erbrechen auslösen. Die Beeren müssen auf mindestens 80 Grad Celsius erhitzt werden, bevor man sie weiterverarbeitet.

HEILKRÄFTE

Auf dem Lande wird der Holunder das »Apothekerkästchen der Bauern« genannt. Denn der nahe am Haus wachsende Baum war für die Landbevölkerung schon immer eine wichtige Heilpflanze. Und so groß war die Ehrfurcht, dass es noch im letzten Jahrhundert in manchen Gegenden Brauch war, vor dem Hollerstrauch kniend ein Gebet zu sprechen, bevor man seine Früchte erntete.

Aus den zur Sonnenwende gesammelten Blüten brauten die Großmütter einen das Immunsystem stärkenden, schweiß- und harntreibenden fiebersenkenden Tee, der bei Grippe und Erkältungen, bei Rheuma, Masern und Scharlach getrunken wurde. Das aus den purpurschwarzen Beeren gekochte Mus dient zur Darmreinigung und Verdauungsanregung. Neueste Forschungen belegen die immunstimulierende und nervenstärkende Wirkung der Beeren. Saft, Sirup und Suppe helfen bei viralen Infekten, Herpes und bei Neuralgien. Und Holunderblütentee, am Abend getrunken, ist ein Sedativum und kann zur Behandlung von Schlafstörungen verwendet werden.

IN DER HOMÖOPATHIE

Anwendung bei Muskel- und Gelenkrheumatismus, Katarrh der oberen Luftwege, fieberhaften Erkältungskatarrhen und Asthma bronchiale.

IN KÜCHE UND HAUS

In der Küche können die Blüten frisch zu den Früchten des Sommers gegessen oder als Wein, Limonade und Sekt angesetzt werden. Die Beeren schmecken köstlich als Kompott, als Chutney, Saft, Gelee, Likör und Wein.

Hopfen

Bierhopfen, Hopf, Hoppen, Hupfen, Wilder Hopfen, Zaunhopfen

Der Hopfen ist ein Hanfgewächs. Die Pflanze wächst wild, wird aber für die Herstellung von Bier und für die Arzneimittelherstellung kultiviert und in fast ganz Europa, Asien und Nordamerika angebaut. Wild wachsend finden wir sie in feuchtem Gebüsch, an Ufern, Waldrändern und in Hecken.

Der Hopfen kam aus östlichen Ländern und wurde erst im 9. Jahrhundert bei uns bekannt, wobei er dem Bier seinen besonderen Geschmack verleiht und es gleichzeitig vor dem Sauerwerden bewahrt. Denn zuvor nahm man zur Bitterung des Biers Schafgarbe, Mädesüß, Dost und Eichenrinde. Im Mittelalter war Bier ein Grundnahrungsmittel. Der Zapfen des Hopfens, der den Bitterstoff enthält, verleiht dem Bier seinen bitteren Geschmack. Der Hopfen wurde in den Hopfengärten der Klöster kultiviert. Und das mit dem Hopfen aromatisierte Bier betrachteten die Mönche als eine angemessene Fastenspeise. Es enthielt Kalorien, dämpfte die Sinne, war flüssige Nahrung.

In Russland existiert die Sitte, als Sinnbild für Fruchtbarkeit und Gedeihen die Braut am Hochzeitsmorgen mit Hopfen zu über-

WIRKSTOFFE: Hopfenbitterstoffe Humulon und Lupulon, Harz, ätherisches Öl, Gerbstoffe, östrogenähnliche Substanzen, Flavonoide und Kohlenhydrate.
MEDIZINISCHE ANWENDUNG: Bei nervösen Störungen und Verdauungsbeschwerden.
EIGENSCHAFTEN: Beruhigend, schlaffördernd, aromatisierend, antibakteriell, appetitanregend, verdauungsfördernd, harntreibend, stärkend.

Humulus lupulus

schütten. Und bei uns in Schwaben sagt man, wenn einer nicht gedeihen will: »An dem isch au Hopfa ond Malz verlora.«

In der Heilkunde werden die Hopfenzapfen verwendet.

BLICK IN DIE GESCHICHTE

Im ersten Jahrhundert n. Chr. beschreibt der römische Naturforscher Plinius der Ältere den Hopfen als eine populäre Gartenpflanze und als beliebtes Gemüse. Im Frühjahr wurden die jungen Triebe auf den Märkten angeboten und als spargelähnliches Gemüse gegessen.

SAMMELZEIT

Der Hopfen wird *Ende August und Anfang September* – kurz vor der vollen Reife, damit die Schuppen nicht abfallen – geerntet, an einem schattigen Ort getrocknet und in Weißblechbüchsen aufbewahrt.

Heilkräfte

Hopfen befreit Leber und Milz von Stauungen, indem er die Gallenabsonderung anregt. Er wirkt auf sanfte Art abführend. Hopfen hat eine beruhigende Wirkung und kann mit gutem Erfolg bei Leiden angewendet werden, die durch Stress oder nervöse Anspannung verursacht sind. Als eine Bitterstoffdroge (*Amara pura*) wirkt der Hopfen appetitanregend und fördert die Verdauung.

Die Schuppen tragen die Hopfendrüsen, die die wesentlichen Wirkstoffe enthalten, die Bitterstoffe Humulon und Lupulon. Nur die ab Ende August geernteten weiblichen Pflanzen werden durch Wurzelstecklinge kultiviert, denn nur sie tragen die medizinischen und für das Bier verwendeten zapfenähnlichen Blütenstände mit den drüsentragenden Deckblättern.

Wissenschaftlich anerkannt ist die Anwendung von Hopfenzapfen bei Unruhe und Angstzuständen sowie bei Schlaflosigkeit. Die Ärztin und Klosterfrau Hildegard von Bingen betont in ihrer »Physica« die beruhigende Wirkung des Hopfens. So hat sich wohl auch die Bezeichnung »Bierruhe« im Volksmund gebildet. Zudem wirkt er bakterienhemmend und regt die Magensekretion an. Hopfen wird bei Blasen- und Nierenleiden angewendet, aber auch bei Menstruationsschmerzen und im Klimakterium. In der Aromatherapie soll die Pflanze helfen, negative Emotionen zu überwinden und schmerzliche Erfahrungen loszulassen.

In der Homöopathie

Das Homöopathikum »Humulus lupulus« wird als Narkotikum, Diuretikum und Anaphrodisiakum verwendet.

In Küche und Haus

Bei Nervosität, Hysterie und Schlaflosigkeit gilt folgende Zubereitungsempfehlung: Man lasse 15 g getrockneten Hopfen in 275 ml kochendem Wasser 10 Minuten ziehen, seihe ihn dann und füge etwas Honig hinzu. Man trinke den Tee heiß kurz vor dem Schlafengehen.

Walnuss

Nussbaum, Welschnuss, Welsche Nuss, Christnuss, Steinnuss

D er Walnussbaum hat eine lange Vergangenheit. Nicht nur als Heilmittel, sondern auch als religiöse Kultpflanze war er von Bedeutung. Er wird vielseitig genutzt. Für medizinische Zwecke werden die Blätter und die grüne, fleischige Schale, als Nahrungsmittel die Frucht verwendet. Das Holz ist eine der begehrtesten heimischen Möbelholzarten.

Der Walnussbaum gehört zur Familie der Walnussgewächse (Juglandaceae). Für die Römer galt die Walnuss als Speise der Götter. Sie weihten den Baum ihrem Gott Jupiter und nannten ihn *Jovis glans* = Jupitereichel. Der wissenschaftliche Name »Juglans regia« leitet sich davon ab. Der Zusatz *regia* bedeutet königlich. Die Römer brachten den Walnussbaum nach Deutschland. Heute ist er in ganz Europa verbreitet. Ursprünglich kam er nur in kultivierter Form vor. Heute ist er sehr oft verwildert anzutreffen. Der Walnussbaum bevorzugt warme, geschützte Lagen. Der tief im Boden verankerte Baum kann bis zu 20 Meter hoch und 150 Jahre alt werden. Der Stamm ist in der Jugend silbrig, fast weiß und wird mit zunehmendem Alter dunkel. Der Baum gedeiht auf nährstoffreichem Boden.

Die Blätter duften beim Zerreiben stark aromatisch. Die köstlich schmeckenden Kerne sind durch eine braune, rissige und harte Schale geschützt. Im September ist sie von einer dickfleischigen,

WIRKSTOFFE: Gerbstoff, ätherisches Öl (Blätter). Gerbstoff (Schale).
MEDIZINISCHE VERWENDUNG: Hautunreinheiten, Magen- und Darmkatarrh.
EIGENSCHAFTEN: Zusammenziehend, entzündungswidrig.

Juglans regia

dunkelgrünen Schale umgeben, welche zur Zeit der Reife die Nuss mit dem zweigeteilten Kern freigibt. Das Begehrteste am Walnussbaum sind die Nüsse. Ein stattlicher Nussbaum kann einen Ertrag von 100 bis 150 Kilogramm abwerfen.

In der Heilkunde werden die Blätter und die fleischige grüne Schale innerlich und äußerlich angewendet.

SAMMELZEIT

In den Monaten *Mai und Juni* werden die Blätter gepflückt und schnell an der Luft getrocknet. Die grünen Fruchtschalen und die Nüsse erntet man *im Herbst*.

EIN ALTER BRAUCH

Allgemein gelten Nüsse als Symbol der Fruchtbarkeit. In verschiedenen Hochzeitsbräuchen spielen sie eine Rolle. Der Polterabend ist ein solcher Brauch. Einst ließen Freunde der Braut am Vorabend der Hochzeit einen Korb mit Nüssen in das Schlafgemach »poltern«.

HEILKRÄFTE

Walnussblätter und die grünen Schalen gehören zu den Gerbstoffdrogen. Gerbstoffdrogen werden überall dort eingesetzt, wo es sich um entzündete Schleimhäute handelt: Die gereizte Darmschleimhaut bei Durchfällen, Entzündungen der Magenschleimhaut, im Mund, am Zahnfleisch und im Rachen. Die Droge eignet sich zur Behandlung verschiedener Hautunreinheiten wie Ekzeme, Akne, Frostschäden, Schorf, Flechten. Ein wichtiger Aspekt ist auch der hohe Vitamin-C-Gehalt, der eine immunstärkende Rolle spielt.

In der Volksheilkunde werden Blätter und Schalen bei Diabetes, Rachitis, Gicht und Rheuma, Blutarmut und allgemeiner Schwäche, Milchschorf, Karies und zur Stärkung nach Krankheiten verwendet. Die Schalen dienen auch zur Entschlackung und Herzstärkung.

In der Homöopathie

Aus den frischen Blättern und den grünen Fruchtschalen wird zu gleichen Teilen eine Essenz zubereitet. Diese verordnet man bei Hauttuberkulose und Magenübersäuerung.

In Küche und Haus

Walnüsse sind mit ihren konzentrierten Inhaltsstoffen wie Vitaminen, Kohlenhydraten, Mineralstoffen und Fetten ein wertvolles Nahrungsmittel.

DAS REZEPT

Nusskuchen

Zutaten

125 g Butter
160 g Waldhonig
2 Eier
210 g Weizenmehl
½ Päckchen Backpulver
2 g Vanille
125 g Walnüsse, gerieben
2 EL Nusslikör
2 EL Milch

Zubereitung

Die zimmerwarme Butter und den Honig mit den Eiern schaumig schlagen, Mehl und Backpulver untermischen. Vanille, Walnüsse, Nusslikör und Milch dazurühren. Den Teig 1 Stunde ruhen lassen. Anschließend in eine gebutterte, mit Bröseln ausgestreute Form geben. Bei 190 °C etwa 40 Minuten backen.

Wildrose
oder Hagebutte

Hundsrose, Hagrose, Hainrose, Hetschepetsche, Hiefenstrauch, Hanbutte

D er Dichter Hesiod schreibt in einer Ode an ihre Schönheit: »Zu gleicher Zeit, wie das Meer die Venus gebar, erschuf die Erde die lieblichste Blume, die Rose.«

Die Wildrose, auch als Heckenrose bekannt, liebt die Sonne. Sie wählt ihren Platz an Waldrändern, an Feldrainen, an sonnigen Heidehängen. Meist finden wir sie in artenreichen Wildhecken. Der Strauch kann mehrere Meter hoch werden. Seine überhängenden Zweige sind mit Dornen besetzt. Die Wildrose gehört zur Familie der Rosengewächse. In den Monaten Juni und Juli trägt sie kleine Röschen mit zartrosa und weißen Blüten. Wenn die Rose voll erblüht ist, können die Blütenblätter zum Trocknen geerntet werden. Durch leichtes Schütteln stellen wir fest, ob die Blätter sich lösen. Erst dann sind sie wirklich reif. Und im Frühherbst leuchten die dunkelroten Hagebutten aus Busch und Hecke. Bauern, Imker und Kräuterweible wissen, wo man die schönsten Früchte findet. Sie bereiten das köstliche Hägenmark daraus, um es auf dem Markt als kulinarische Spezialität anzubieten.

WIRKSTOFFE: Vitamine A, B, C (besonders viel), E, K, ätherisches Öl, Mineralstoffe, Flavonoide, Fruchtsäuren.
MEDIZINISCHE VERWENDUNG: Zur Appetitanregung, steigert die Abwehrkräfte.
EIGENSCHAFTEN: Harntreibend, Nieren-und blasen-reinigend, entschlackend, kräftigend, stärkt die Immunabwehr.

Rosa canina

In der Volksheilkunde wird hauptsächlich die Hagebutte (Heckenrosenfrucht) als Tee verwendet.

ATTRIBUT DER LIEBESGÖTTINNEN

Im Altertum war die Rose Attribut der Liebesgöttinnen Isis, Aphrodite und Venus. Priesterinnen und geweihte Jungfrauen trugen Kränze aus Rosen im Haar. Auf heiligen Altären wurde das duftende Öl den Göttern als Opfer dargebracht.

SAMMELZEIT

Die Hagebutten sind *im Oktober* reif. Die Kerne werden entfernt, die Früchte werden in kleine Stücke zerquetscht und in einem warmen, gut durchlüfteten Raum getrocknet. Die Stücke werden in einem fest verschließbaren Behälter an einem dunklen Ort aufbewahrt.

HEILKRÄFTE

Blütenblätter, Kerne und Früchte der Rose haben heilende Kräfte, die Jahrtausende den Menschen dienten. Im Altertum wurden die Blütenblätter in Ölen und Wein aufgelöst und vermischt mit Honig als Rosenpastillen oder Rosenwasser eingenommen. Extrakt aus Rosenblüten ist auch heute noch in den Apotheken erhältlich. Mit Wasser verdünnt ist er ein ausgezeichnetes Mundwasser für Zähne und Zahnfleisch. Interessant ist die Hülle der Hagebutte, welche aus rotem Fruchtfleisch besteht und über die meisten Vitamine verfügt. Die Hagebutte ist eine wahre Vitamin-C-Bombe. Sie ist neben Schlehe und schwarzer Johannisbeere die vitaminreichste Frucht überhaupt. Ihr hoher Vitamin-C-Gehalt unterstützt unsere Immunkörperbildung und steigert die Abwehrkraft. Als Sirup, Marmelade oder als Tee ist sie nicht nur wohlschmeckend, sie wirkt auch vorbeugend gegen Erkältungskrankheiten und grippale Infekte. Ein beliebtes Hausmittel ist der »Kernlestee« aus getrockneten Hagebuttenkernen. Man nennt ihn auch »Darmputzerle«, denn die vanillinhaltigen Kerne wirken leicht abführend und entschlackend.

DAS REZEPT

Schönheitscreme nach Galen

Zutaten

85 ml Olivenöl
30 g Bienenwachs
30 ml Rosenwasser

Zubereitung

Olivenöl und Bienenwachs in eine kleine Keramikschüssel füllen. Die Schüssel in einen Topf mit heißem Wasser stellen. Die Mischung bei mittlerer Temperatur köcheln, bis das Wachs geschmolzen ist. Das Wachs-Öl-Gemisch darf die Temperatur von 70 °C nicht überschreiten. Jetzt das Rosenwasser leicht erwärmen und unter ständigem Rühren mit dem Wachs-Öl-Gemisch vermengen. Anschließend die Keramikschüssel aus dem Wasserbad nehmen und die Creme rühren, bis sie vollständig erkaltet ist.

Wildapfel

Holzapfel, Hageapfel, Buschapfel, Waldapfel

Auf der Schwäbischen Alb und im Schwarzwald finden wir ihn noch heute, den Urapfel und Ahnherrn aller kultivierten Apfelsorten. Meistens wächst er im Dickicht der Wälder und im Gestrüpp wilder Schlehen und Brombeeren. Der anspruchlose Wildapfel wächst aber durchaus auch als einzeln stehender Baum auf der Albhochfläche, wo er den rauen Winden trotzt.

Der Wildapfelbaum ist klein und buschähnlich. Seine dornigen Zweige tragen im Herbst wunderschöne kleine, gelbgrünliche Früchte, die wegen ihres herben Geschmacks nur gekocht genießbar sind. Doch den Tieren des Waldes sind die kleinen, drei bis fünf Zentimeter großen Äpfelchen ein willkommenes Futter. Botanisch ist der Apfel ein Rosengewächs. Er birgt in sich alle lebensnotwendigen Vitamine und Nährstoffe und ist berühmt für seine Heilkraft. Dabei liegt der besondere Wert in der Säure des Apfels, die vor allem die Leber- und Galletätigkeit und die Verdauung günstig beeinflusst.

In der Volksmedizin wird der Apfel verwendet.

SAMMELZEIT
Oktober bis Dezember. Die Früchte werden in feine Scheiben geschnitten, auf Schnüre gefädelt und an einem trockenen, luftigen Ort aufgehängt.

WIRKSTOFFE: Pektin, Apfel- und Zitronensäure, Vitamin C, Zucker, Gerbstoffe, Enzyme.
MEDIZINISCHE VERWENDUNG: Allheilmittel.
EIGENSCHAFTEN: Stärkend, aufbauend.

Malus sylvestris

Goldene Äpfel ewiger Jugend

Seit jeher gilt der Apfel als ein Symbol der Fruchtbarkeit, der Jugendkraft und Schönheit. In den uralten Imaginationen der Märchen spielt der Apfel eine wichtige Rolle. Keltische Sagen erzählen von wunderschönen Bäumen, die goldene Lebensäpfel tragen und die der Held der Geschichte unter Lebensgefahr erringen muss. In der nordgermanischen Mythologie speist Idun, Göttin der Asen, die Götter aus ihrem Geschlecht mit den goldenen Äpfeln ewiger Jugend. Von der Zauberkraft des Apfelbaums waren auch unsere Vorfahren überzeugt: Bei Fieber, Gicht, Schwindsucht und allerlei Gebrechen traten sie vor den Apfelbaum und klagten dem Baumgeist ihr Leid. Geschah dies gar in der Osternacht vor Sonnenaufgang oder bei abnehmendem Mond, so war der Kranke in Kürze geheilt.

HEILKRÄFTE

Schon die alten Ägypter kultivierten den Apfel. Den Griechen und Römern war er wohlbekannt. So erwähnt der römische Historiker Plinius der Ältere (23–79 n. Chr.) in seinen Schriften bereits mehr als 20 verschiedene Apfelsorten. Galen, der berühmte römische Arzt griechischer Herkunft (131–201 n. Chr.), bezeichnet Apfelwein als ein Allheilmittel. In der medizinischen Schule von Salerno, die vom 11. bis 13. Jahrhundert ihre Blütezeit erlebte, genoss der Apfel ein hohes Ansehen. »Post pirum da potum, post pomum vade cacatum«, die Birne wirkt harntreibend, der Apfel abführend, lautet ein dort häufig zitiertes Sprichwort.

Im Mittelalter empfahl die Klosterfrau Hildegard von Bingen (ca. 1098–1179) Blüten und Blätter des Apfelbaums gegen Augenkrankheiten. Seine Knospen sind hilfreich bei zahlreichen Beschwerden: Kopfschmerzen, Gelbsucht, Verdauungsschwierigkeiten, Magenübersäuerung, Koliken und Verstopfung. Blätter, Blüten und Knospen wirken stark harntreibend. Der Apfel ist als Heil- und Nahrungsmittel von großer Bedeutung. Er enthält in ausgewogenen Mengen alle lebensnotwendigen Vitamine, Mineralstoffe, Spurenelemente und Kohlenhydrate. Der Apfel ist stoffwechsel- und verdauungsfördernd. Er regelt die Darmtätigkeit und wirkt entgiftend. Apfelkuren sind bei Herz- und Gefäßerkrankungen, bei Erkrankungen der Niere und bei hohem Cholesterinspiegel besonders hilfreich. Durch seinen Gehalt an Eisen, Phosphor und Arsen ist der Apfel bei geistiger Abgespanntheit von besonderem Nutzen. So empfahl der Leibarzt von Königin Elisabeth I. seiner Patientin, bei Anzeichen von Schwäche an einem süßen Apfel zu riechen.

IN KÜCHE UND HAUS

FIEBERTRANK FÜR KINDER: Als Fiebertrank ist der Wildapfel besonders hilfreich. Bei Bedarf werden die gedörrten Apfelscheiben in Wasser leicht aufgekocht. Auf eine Tasse Wasser geben wir 2 Teelöffel zerkleinerte Apfelscheiben. Mehrmals täglich wird eine Tasse Tee in kleinen Schlucken getrunken.

Glossar

ALKALOIDE: Stickstoffhaltige, in Wasser schwer lösliche, meist giftige organische Stoffe.

ÄTHERISCHE ÖLE: Diese Substanzen verleihen aromatischen Pflanzen ihren charakteristischen Duft.

BIOFLAVONOIDE: Bioflavonoide sind auch als Vitamin P bekannt. Wir finden sie in Zitrusfrüchten und in manchen Beeren (z. B. in Mehlfässchen, den Früchten des Weißdorns).

BITTERSTOFFE: Intensiv bitter schmeckende Substanzen, die in zahlreichen Pflanzen enthalten sind. Ihr bitterer Geschmack regt die Magensaftsekretion an.

CHLOROPHYLL: Griechisch *chloros*, gelblichgrün, und *phyllon*, Blatt = Blattgrün. Ein äußerst bedeutsames Pigment, das den Pflanzenteilen ihre grüne Farbe verleiht. Ist wichtig für die Fotosynthese. Lebenswichtig auch für den Menschen.

DIAPHORETIKA: Schweißtreibende Mittel.

DIURETIKA: Harntreibende Mittel.

DROGE: Die heilkräftig wirkenden Bestandteile der Pflanze (etwa Blätter oder Blüten), die durch Trocknung haltbar und verwertbar gemacht wurden.

ENZYME: Stoffwechselvorgänge sind allein durch das Wirken von Enzymen möglich.

FLAVONOIDE UND FLAVONE: Diese gelben oder roten bis blauen Farbstoffe sind die häufigsten Inhaltsstoffe. Sie beeinflussen den Kreislauf auf ähnliche Weise wie die Bioflavonoide. Sie wirken krampflösend, harntreibend und sind Herzstimulanzien.

GERBSTOFFE: Gerbstoffe haben eine zusammenziehende Wirkung. Sie verringern den Wassergehalt von Geweben, binden und vermindern Sekretionen und Blutungen. Sie sind Bestandteil zahlreicher Heilpflanzen und Zubereitungen, die zur Behandlung von Wunden und als blutstillendes Mittel verwendet werden.

GLYKOSIDE: Sie sind im Pflanzenreich verbreitete Stoffe. Z. B. die schweißtreibende Wirkung der Lindenblüten ist auf Glykoside zurückzuführen.

ORGANISCHE SÄURE: Die organischen Säuren machen einen Teil des Nährwertes und des erfrischenden Charakters von Fruchtsäften aus.

SAPONINE: Saponine fördern den Ausstoß von Schleim aus der Lunge. Auch unterstützen sie die Verdauung und Absorption von Nährstoffen und reinigen und heilen die Haut.

SCHLEIMSTOFFE: Schleim überzieht und schützt Gewebe. Anwendung bei jeder Art von Entzündung, um den betroffenen Bereich zu umhüllen. Schleimstoffe sind namentlich für die Atemwege, für die Lunge und den Verdauungsapparat heilsam.

SEDATIVA: Beruhigungsmittel.

TONIKUM: Den allgemeinen Gesundheitszustand förderndes Mittel, Stärkungsmittel.

VITAMINE, MINERALIEN, SPURENELEMENTE: Ohne diese Stoffe ist das Leben nicht möglich. Ihr ausreichendes und ausgewogenes Angebot in der Nahrung ist lebenswichtig.

Hinweise
zum Umgang mit Wildpflanzen

Generell gilt: Bei Unsicherheit, um welche Pflanze es sich handelt, sollte man immer auf Nummer sicher gehen und auf den Verzehr oder die innere Anwendung als Heilmittel verzichten. Auch empfiehlt sich bei ernsthaften Erkrankungen vor der Selbstmedikation mit Heilpflanzen immer der Besuch bei einem Arzt.

DAS SAMMELN VON KRÄUTERN

Nicht bei feuchtem Wetter Kräuter sammeln! Man sollte sich einen trockenen Tag aussuchen, eine Stunde, in der die Sonne scheint und der Morgentau bereits verschwunden ist. Darauf achten, dass die Pflanzen gesund sind! Sie sollten weder durch Insekten noch durch chemische Mittel oder Abgase verseucht sein. Fremde und nicht erwünschte Kräuter, die man eventuell mit geerntet hat, gleich aussortieren. Die verschiedenen Pflanzenarten nicht in ein und demselben Säckchen oder Korb sammeln.

Auch wenn man in der Stadt wohnt, kann man Kräuter sammeln. Man findet am besten Kräuter auf Brachland, unbebauten Grundstücken, an Gartengrundstücken, in Parks und Grünanlagen, auf Feldern und Wiesen am Stadtrand. Auch an Seen und in moorigem Gelände findet man eine Vielzahl an Kräutern. Nachdem es heute kaum noch unbelasteten Boden gibt, sollte man möglichst stark befahrene Straßen und Industriegebiete meiden. In Städten sind Luft und Boden durch Blei und andere Schadstoffe aus Autoabgasen belastet.

DAS TROCKNEN VON KRÄUTERN

Die Pflanzenteile so schnell wie möglich trocknen lassen, um hierdurch den Gärungsprozess zu verhindern. Kräuter werden in kleine Sträuße gebunden und mit den Köpfchen nach unten aufgehängt. Oder man kann sie auch auf einem Holzrost ausbreiten.

Der Trockenraum sollte gut durchlüftet und vor direkter Sonneneinstrahlung geschützt sein. Das kann ein Dachboden, ein Schuppen oder ein offener Wandschrank in einem gut belüfteten Zimmer sein. Kräuter dürfen nicht in der Küche getrocknet werden, weil sie die Eigenschaft haben, Feuchtigkeit und Fette anzuziehen.

Das Trocknen von Kräutern dauert etwa sechs bis acht Wochen. Um den Grad der Trockenheit festzustellen, bricht man einen Stängel entzwei. Wenn die Bruchstelle sauber ist, also keine Fasern zwischen den beiden Stücken verbleiben, ist das Kraut trocken.

Das Aufbewahren von Kräutern

Die getrockneten Kräuter müssen vor Sonneneinstrahlung und vor Feuchtigkeit geschützt werden. Kräuter sollten in Papiertüten oder in Gläsern aufbewahrt werden. Leere Weißblechdosen sind die beste Lösung. Plastikbehälter sind fehl am Platz, da die Pflanzen auf die in Plastik enthaltenen Chemikalien reagieren. Oberirdische Pflanzenteile kann man in getrocknetem Zustand ein bis zwei Jahre, die Wurzeln etwas länger aufbewahren.

Übliche Zubereitungen

Üblicherweise bereitet man aus den Heilpflanzen einen Tee, indem man eine bestimmte Menge getrockneten Pflanzenmaterials mit einem Viertelliter heißem oder kaltem Wasser übergießt. Die Mengenangabe ist hier im Buch jeweils bei der Pflanze angegeben.

Es ist wichtig, wie man bei der Teezubereitung vorgeht. Eine Pflanze, die in großem Umfang ätherisches Öl enthält, wird praktisch wertlos, wenn man sie lange kocht. Das ätherische Öl verflüchtigt sich schnell. Man macht in diesem Fall ein Infus.

INFUS (TEE, AUFGUSS): Das Wasser zum Kochen bringen, die gewählten Blätter, Blüten, Wurzeln dazugeben, den Topf vom Herd nehmen, zudecken und 5 bis 10 Minuten ziehen lassen. Man kann auch eine Dosis Pflanzen in eine Tasse geben, diese mit kochendem Wasser aufgießen und dann ziehen lassen.

DEKOKT (ABSUD): Im Unterschied zum Infus wird hierbei die Pflanze selbst zum Kochen gebracht. Man füllt Wasser in einen Topf, gibt die nötige Menge Pflanzen dazu, deckt den Topf zu und bringt das Ganze zum Kochen, danach 10 bis 15 Minuten auf kleiner Flamme weiterkochen lassen.

MAZERAT (PFLANZENAUSZUG): Kaltauszug einer Droge. Man setzt die Droge über Nacht mit kaltem Wasser an.

TINKTUREN: Unter einer Tinktur versteht man einen flüssigen, mit Weingeist hergestellten Auszug einer Droge. Eine solche Zubereitung hat eine weit höhere Wirkstoffkonzentration als ein Dekokt oder ein Tee und wird in kleineren Mengen eingenommen.

UMSCHLAG: Ein Umschlag wird meist kalt angewendet. Dabei hält man die Kräuter mithilfe eines Verbandes in direktem Kontakt mit der Verletzung.

Verwendete und weiterführende Literatur

Elisabeth BROOKE,
Von Salbei, Klee und Löwenzahn.
Freiburg 1997.

DIOSKURIDES,
Kräuterbuch. Frankfurt 1610.

Gail DUFF,
The Countryside Cookbook.
Chalmington 1982.

Leonhart FUCHS,
New Kreüterbuch. Basel 1543.

Mrs. M. GRIEVE, A Modern Herbal.
Harmondsworth 1976.

Erich HEISS, Wildgemüse und
Wildfrüchte. München 1980.

John LUST,
The Herb Book. London 1974.

Apotheker M. PAHLOW,
Das große Buch der Heilpflanzen.
München 1999

P. SCHAUENBERG, F. PARIS,
Heilpflanzen. München 1970.

TABERNAEMONTANUS,
Neu vollkommen Kräuter-Buch.
Offenbach 1720.

Brigitte WALDE-FRANKENBERGER,
Wildkräuter und Wildfrüchte
im Rems-Murr-Kreis.
Kreissparkasse Waiblingen 2001.

Register

Impressum

Sollte dieses Werk Links auf Webseiten Dritter enthalten, so machen wir uns die Inhalte nicht zu eigen und übernehmen für die Inhalte keine Haftung.

Autoren und Verlag können ebenfalls keine Haftung übernehmen, sollten nach Einnahme oder Anwendung von Wildpflanzen Beschwerden auftreten. Bei ernsthaften Erkrankungen sollte vor der Anwendung immer ein Arzt oder Apotheker zu Rate gezogen werden.

1. Auflage 2019

© 2019 by Silberburg-Verlag GmbH,
Schweickhardtstraße 5a, D-72072 Tübingen.
Alle Rechte vorbehalten.

Umschlaggestaltung: Silke Schüler, München,
unter Verwendung von Zeichnungen Paul Waldes.
Layout und Satz: Silke Schüler, München.
Lektorat: Gertrud Menczel, Böblingen.

Printed in Slovenia by Florjancic.

ISBN 978-3-8425-2188-9

Bildnachweis: Alle Zeichnungen von Paul Walde.
Fotografien: i-stock: wragg (Schild): Cover, S. 1. Shutterstock: arousa: S. 76; F16-ISO100: Strukturhintergrund, passim; Furlarossa: S. 60; Jules43: S. 4; Matauw: S. 96; mizy: S. 80; I. Rottlaender: S. 72; Westend61: S. 68. Paul Walde: S. 12, 16, 20, 24, 32, 40, 44, 56, 64, 84, 88, 92, 100, 104. Wikimedia Commons: AnRo0002: S. 28, 48, 52, 88; Kenraiz: S. 36; Konrad Lackerbeck: S. 8.

Ihre Meinung ist wichtig für unsere Verlagsarbeit. Senden Sie uns Ihre Kritik und Anregungen an **meinung@silberburg.de**

Besuchen Sie uns im Internet und entdecken Sie die Vielfalt unseres Verlagsprogramms: **www.silberburg.de**